电气自动化通用设备应用系列

西门子变频器
入门与典型应用

主　编　王　建　杨秀双
副主编　李　伟　杨晓辉　孙继亮
参　编　徐　铁　徐洪亮　宋永昌
主　审　施利春

中国电力出版社
CHINA ELECTRIC POWER PRESS

内 容 提 要

变频器被国外称为“新近国家工业三大支柱”之一的工业自动化理想控制装置，近年来已广泛应用于自动化的各个领域。

本书以西门子MM420系列变频器为例，系统地介绍了变频器的基本使用方法及实训操作，并介绍了十余种典型应用线路等。全书共分3章：第1章介绍西门子MM420变频器的基础知识，主要讲述了变频器的选用、安装维护与基本操作等；第2章介绍变频器基本控制线路，主要讲述了变频器的点动、正反转、PID及多段速控制；第3章介绍变频器与PLC在典型控制系统中的应用，主要讲述了变频器与PLC的综合应用，包括恒压供水系统，锅炉鼓风机、离心机、刨床、卷扬机控制系统，以及注塑机PLC、变频器改造等。本书章节内容按照“基本知识”、“实战演练”、“自我训练”模块划分，对理论知识点到为止，适当简化对“是什么”的陈述，尽量压缩对“为什么”的解释，在可允许的篇幅内充分放大对“怎么办”的具体说明，以提升技能操作为目的。

本书可作为工矿企业电气技术人员，中、高级电工，设备操作人员的读物，也可供专业院校电气自动化专业高技能人才培训和相关人员自学。

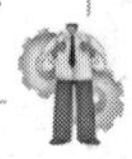

图书在版编目（CIP）数据

西门子变频器入门与典型应用/王建，杨秀双主编．—北京：中国电力出版社，2012.1（2021.3重印）

（电气自动化通用设备应用系列）

ISBN 978-7-5123-2108-3

Ⅰ.①西… Ⅱ.①王… ②杨… Ⅲ.①变频器-基本知识 Ⅳ.①TN773

中国版本图书馆CIP数据核字（2011）第184293号

中国电力出版社出版、发行

（北京市东城区北京站西街19号 100005 http://www.cepp.sgcc.com.cn）

三河市航远印刷有限公司印刷

各地新华书店经售

*

2012年1月第一版 2021年3月北京第八次印刷

710毫米×980毫米 16开本 14印张 251千字

印数10501—11500册 定价**30.00**元

前　言

PREFACE

国家《高技能人才培养体系建设“十一五”规划纲要》（简称《纲要》）要求，在“十一五”期间，要完善高技能型人才培养体系建设，加快培养一大批结构合理、素质优良的技术技能型、复合技能型和知识建设技能型高技能人才。《纲要》是加快推进人才强国战略、提升产业工人队伍整体素质、增强我国核心竞争力和自主创新能力的重要举措。

为加快培养一大批数量充足、结构合理、素质优良的技术技能型、复合技能型和知识技能型高技能人才，为“中国制造”制造千万能工巧匠，我们组织有关专家、学者和高级技师编写了一套《电气自动化通用设备应用系列》丛书。在本丛书的编写过程中，贯彻了“简明实用，突出重点”的原则，把编写重点放在以下几个主要方面：

第一，内容上突出新知识、新技术、新工艺和新材料，力求反映电气自动化四新技术的应用。涵盖了可编程序控制器、变频器、单片机、触摸屏、传感器以及工控组态等现代工业支柱的内容。

第二，坚持以能力为本，编写形式上采用了理论和技能全面兼顾的模式，力求使本丛书在编写形式上有所创新，以任务驱动为主线，使本丛书更贴近实用。

第三，从推广综合应用的角度出发，突出了各项技术的综合和典型应用，服务于生产实际。

但愿本丛书为广大电气工作人员所乐用，使本丛书成为您的良师益友！

由于时间和编者的水平所限，书中难免存在不足之处，敬请广大读者对本丛书提出宝贵意见。

编　者

2012 年 1 月

目　录

CONTENTS

前言

绪论…………………………………………………………………… 1

0.1　概述 ………………………………………………………… 1

0.2　电力电子器件 ……………………………………………… 6

0.3　电力电子器件的分类 ……………………………………… 9

0.4　当前电力电子器件的发展方向……………………………… 12

第 1 章　西门子 MM420 变频器基础知识 ……………………… 17

1.1　变频器的认识………………………………………………… 17

1.2　变频器的选用………………………………………………… 26

1.3　变频器的安装………………………………………………… 35

1.4　MM420 变频器的调试 ……………………………………… 49

第 2 章　变频器基本控制线路 …………………………………… 61

2.1　点动运行控制线路…………………………………………… 61

2.2　正转连续控制线路…………………………………………… 65

2.3　正反转控制线路……………………………………………… 71

2.4　外接两地控制线路…………………………………………… 77

2.5　PID 控制电路系统 ………………………………………… 81

2.6　多段速控制线路……………………………………………… 93

第 3 章　变频器与 PLC 在典型控制系统中的应用 ……………… 100

3.1　恒压供水变频控制系统 …………………………………… 100

3.2　锅炉鼓风机变频控制系统 ………………………………… 110

3.3　离心机变频控制系统 ……………………………………… 118

3.4　刨床变频控制系统 ………………………………………… 125

3.5　卷扬机变频控制系统 ……………………………………… 133

3.6 PLC + 变频器控制线路的设计、安装与调试 …………………… 142
3.7 注塑机 PLC、变频器改造 …………………………………… 157
3.8 中央空调控制系统 ………………………………………… 178
附录 MM420 参数表 ………………………………………… 197
参考文献 ……………………………………………………… 216

绪　论

1. 了解变频器的发展历程。
2. 了解变频器的应用领域。
3. 了解我国变频器的发展概况。
4. 了解构成变频器的核心元件——电力电子器件的产生与发展。

0.1 概述

0.1.1 变频器的产生与发展

变频器是利用电力电子半导体器件的通断作用，将工频电源变换为另一频率电能的控制装置，用以实现交流电动机的变速运行的设备，是运动控制系统的功率变换器。

变频调速技术涉及电力、电子、电工、信息与控制等多个学科领域。随着电力电子技术、计算机技术和自动控制技术的发展，以变频调速为代表的近代交流调速技术有了飞速的发展。交流变频调速传动克服了直流电动机的缺点，发挥了交流电动机本身固有的优点（结构简单、坚固耐用、经济可靠、动态响应好等），并且很好地解决了交流电动机调速性能先天不足的问题。交流变频调速技术以其卓越的调速性能、显著的节电效果以及在国民经济各领域的广泛适用性，被公认为是一种最有前途的交流调速方式，代表了电气传动发展的主流方向。变频调速技术为节能降耗、改善控制性能、提高产品的产量和质量提供了至关重要的手段。变频调速理论已形成较为完整的科学体系，成为一门相对独立的学科。

20 世纪是电力电子变频技术由诞生到发展的一个全盛时代。最初的交流变频调速理论诞生于20 世纪20 年代，直到60 年代，由于电力电子器件的发展，才促进了变频调速技术向实用方向发展。芬兰瓦萨控制系统有限公司的前身——瑞典的STRONGB，于20 世纪60 年代成立，并于1967 年开发出世界上第一台变频器，被称为变频器的鼻祖。

20世纪70年代席卷工业发达国家的石油危机，促使它们投入大量的人力、物力、财力去研究高效率的变频器，使变频调速技术有了很大发展并得到推广应用。80年代，变频调速已产品化，性能也不断提高，发挥了交流调速的优越性，广泛地应用于工业各部门，并且部分取代了直流调速。进入90年代，由于新型电力电子器件如绝缘栅双极型晶体管（Insolated Gate Bipolar Transistor，IGBT）、集成门极换流型晶闸管（Integrated Gate Commutated Thyristor，IGCT）等的发展及性能的提高、计算机技术的发展，如由16位机发展到32位机以及数字信号处理器（Digital Signal Processor，DSP）的诞生和发展（如磁场定向矢量控制、直接转矩控制）等原因，极大地提高了变频调速的技术性能，促进了变频调速技术的发展，使变频器在调速范围、驱动能力、调速精度、动态响应、输出性能、功率因数、运行效率及使用的方便性等方面大大超过了其他常规交流调速方式，其性能指标亦已超过了直流调速系统，达到取代直流调速系统的地步。

目前，交流变频调速以其优异的性能深受各行业的普遍欢迎，交流电动机变频调速已成为当代电动机调速的潮流，它以体积小、质量轻、转矩大、精度高、功能强、可靠性高、操作简便、便于通信等功能优于以往的任何调速方式，如变极调速、调压调速、滑差调速、串级调速、整流子电动机调速、液力耦合调速，乃至直流调速。因而在钢铁、有色、石油、石化、化纤、纺织、机械、电力、电子、建材、煤炭、医药、造纸、注塑、卷烟、吊车、城市供水、中央空调及污水处理行业得到普遍应用。

0.1.2 变频器的分类

目前国内外变频器的种类繁多，大体上可以按以下几种方式进行分类。

1. 按照频率变换环节分类

按照频率变换环节分类，变频器可分为交—交变频器和交—直—交变频器两大类。

（1）交—交变频器。交—交变频器把恒频恒压（CVCF）的交流电直接变换为频率连续可调（VVVF）的交流电，因此又称为直接变频器。其主要优点是没有中间环节，因此变换效率高。但所用器件数量更多，总设备投资巨大。交—交变频器的最大输出频率为30Hz，频率连续可调的范围窄，使其应用受到限制，主要应用于低速大容量的拖动系统中。

（2）交—直—交变频器。交—直—交变频器首先将恒频恒压的交流电整流为直流电，经滤波后再将平滑的直流电逆变为频率连续可调的交流电。由于将直流电逆变为交流电的环节比较容易控制，因此在频率的调节范围内，以及改善频率后电动机的特性等方面有较明显的优势，目前这种变频器已经得到普及。

2. 按电压的调制方式分类

按电压的调制方式分类，变频器可分为脉幅调制和脉宽调制两大类。

（1）脉幅调制（Pulse Amplitude Modulation，PAM）。所谓 PAM 是指变频器通过调节输出脉冲的幅值来调节输出电压的一种方式。调节过程中，逆变器负责调频，相控整流器或直流斩波器负责调压。

（2）脉宽调制（Pulse Width Modulation，PWM）。所谓 PWM 是通过调节脉冲输出的宽度和占空比来调节输出电压的一种方式，调节过程中，逆变器负责调频调压。目前普遍应用的是脉宽按正弦规律变化的正弦调制方法（SPWM）。现在中小型的通用变频器几乎都是采用此类调制方法。

3. 按滤波方式分类

按滤波方式分类，变频器可分为电压型变频器和电流型变频器两大类。

（1）电压型变频器。在交—直—交变频装置中，中间直流环节采用大电容滤波，直流电压波形比较平直，理想情况下可以看成一个内阻抗为零的恒压源，这类变频装置称为电压型变频器。交—交变频器虽然没有滤波电容，但供电电源的低阻抗使它具有电压源的性质，也属于电压型变频器。

（2）电流型变频器。在交—直—交变频装置中，中间直流环节采用大电感滤波，直流电流波形比较平直，电源内阻抗很大，这类变频装置称为电流型变频器。交—交变频器中使用电抗器将输出电流强制变为矩形波或阶梯波，具有恒流源性质，也属于电流型变频器。

4. 按输入交流电源的种类分类

按输入交流电源种类分类，变频器可分为三进三出变频器和单进三出变频器两大类。

（1）三进三出变频器。输入、输出变频器的交流电源都是三相交流电，大多数的变频器都属于这种类型。

（2）单进三出变频器。变频器输入端为单相交流电，输出端为三相交流电，家用电器中的变频器都属此类，容量一般较小。

5. 按电压等级分类

按电压等级分类，变频器可分为低压变频器和高压变频器两大类。

（1）低压变频器。这类变频器又称为中小容量变频器，一般容量为 0.2～280kW，大的可达 500kW。这类变频器电源电压，单相为 220～240V、三相电源电压为 220V 或 380～460V，通常额定电压标称为 200、400V。本书介绍的变频器就是此类变频器。

（2）高压变频器。这类变频器有两种形式，一种采用升、降压变压器，称为高—低—高式变频器，亦可称为间接高压变频器；另一种采用高压大容量

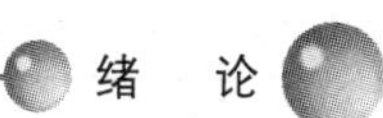

GTO 晶闸管或晶闸管功率元件串联结构，不用输入、输出变压器，也称为直接高压变频器。

6. 按控制方式分类

按控制方式分类，变频器可分为 U/f 控制变频器、转差频率控制变频器和矢量控制变频器三大类。

7. 按用途分类

按用途分类，变频器可分为通用型变频器，风机、泵类专用变频器，注塑机专用变频器和其他如能量可回馈型变频器、地铁机车变频器、电梯专用变频器等各个领域专用的变频器。

0.1.3 变频器的应用领域

变频器的全称为交流变频调速器，主要用于交流电动机。在调整输出频率的同时按比例调整输出电压，从而改变电动机转速，以达到交流电机调速的目的。变频器是电力电子技术、微电子技术、控制技术相结合的综合性高技术产品，被称为“现代工业维生素”。

变频器于 20 世纪 60 年代问世，到 20 世纪 80 年代在主要工业化国家已经得到广泛使用，特别是在日本，变频技术在家用电器中的应用更为普遍，帮助日本确立了电器大国的地位。

变频器的第一功效即是节能，在现今世界能源紧缺，而新能源的研究还没有取得实质性突破的情况下，如何利用好现在来之不易的能源，就是世界各国在生活、生产中需要考虑的重中之重的问题。

电动机系统在设计过程中都留有一定的余量，变频器通过降低电动机转速减少输出功耗，实现“按需供能”。变频器用于风机、泵类等，可达到 50% 的节能率；用于其他工艺要求调速的负载，也可获得 10% ~40% 的节能效果。

以冰箱为例，我国的电源电压为 220V、50Hz，在这种条件下工作的空调是定频空调。由于供电频率不能改变，定频空调的压缩机转速基本不变，所以它不能大幅度的调节制冷量，而是通过频繁开启、关闭压缩机的方式来调节房间温度高低。而与之相比，变频空调通过改变电动机转速按需供能，这样它的压缩机就不会频繁开启，会使压缩机保持稳定的工作状态，可以使空调整体达到节能 30% 以上的效果，同时可以减少噪声（就是所谓的静音化）、延长空调使用寿命。

再来看看电梯的例子。安置了变频器的电梯，可以根据不同的运载重量、不同的运载里程来改变电动机转速，从而达到节能和乘梯人舒适性的效果。据专家称，在电梯中采用变频器调速可以实现节能 40% 以上。而据报道称，我国使用的电梯中，只有 1.92% 的电梯采用了变频控制节能型电梯主机，而使用 10 年以上的电梯则均属于严重耗电型。

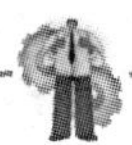

变频器的另一重要功效就是可与 PLC（专为工业环境应用而设计的一种可编程控制器）、上位机（控制台）等进行配合，达到精确控制、改善产品品质、提高生产效率、降低维护费用、提高生产自动化水平的目的。这似乎与日常生活遥远，但人们却享受着这种技术带来的完美细节。

比如，变频器用于造纸机传动控制中，实现了高精度的同步控制，保证了车速的稳定，极大地减少了断纸率和停车时间，节省了大量的设备维护费用，从而提高了成品纸张的质量。再比如，变频器用于纺织生产中，满足了纺织生产中特殊的摆频要求，实现了温度、压力、流量、浓度等各种工艺参数的在线控制，实现了布匹中各种疵点的自动检测和消除，大幅度提高了生产自动化水平和生产效率。

随着现代电力电子技术和微电子技术的迅猛发展，高压大功率变频调速装置不断地成熟起来，原来一直难以解决的高压问题，近年来通过器件串联或单元串联得到了很好地解决。其应用的领域和范围也越来越广范，这使得高效、合理地利用能源（尤其是电能）成为可能。

电动机是国民经济中主要的耗电大户，高压大功率的电动机更为突出，而这些设备大部分都有节能的潜力。大力发展高压大功率变频调速技术，将是时代赋予我们的一项神圣使命，而这一使命也将具有深远的意义。

通常把用来驱动 1kV 以上交流电动机的中、大容量变频器称为高压变频器。按照国际惯例和我国相关国家标准，当供电电压大于或等于 10kV 时称高压，小于 10kV 时称中压，相应额定电压 1～10kV 的变频器应分别称为中压变频器和高压变频器。但考虑到在这一电压范围内的变频器有着共同的特征，且习惯上也把额定电压为 3kV 或 6kV 的电动机称为高压电动机，因此，为简化叙述起见，本文也称之为高压变频器。

截至 2006 年底，我国发电装机总容量为 5.08 亿 kW，已突破 5 亿 kW。其中火电装机约占 80%，为 4 亿 kW 左右。全国年发电量已突破 2 万亿 kWh。而我国的能源利用率却平均比发达国家低 20% 左右。

全国电动机装机总容量已达 4 亿多 kW，年耗电量达 12 000 亿 kWh，占全国总用电量的 60%，占工业用电量的 80%；其中风机、泵类、压缩机的装机总容量已超过 2 亿 kW，年耗电量达 8000 亿 kWh，占全国总用电量的 40% 左右。70% 以上的风机、泵类、压缩机应调速运行，而至今仅有约 5% 左右调速运行。

若按风机、泵类和压缩机总装机容量的 50% 进行调速节能改造，则可改造容量达 1 亿 kW，其中 40% 为中高压电动机，容量占 60%。若按电动机平均出力为 60%，年运行 4000h，平均节电率为 20%～30%（平均 25%）计算，则年节电潜力为 600 亿 kWh。整个电动机系统的节电潜力约为 1000 亿 kWh，

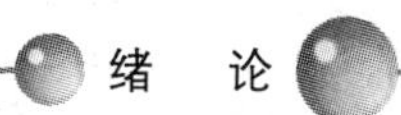

改造和更新预计需投入2000亿～3000亿元人民币。

根据国家节能计划，我国每年应节约和少用能源7000万t标准煤，通过基本建设项目及技术改造措施，每年可形成约3000万t标准煤的节能能力，而每形成1t标准煤的节能能力需投资2000元（约为开发等量能源费用的1/3)，则每年需节能投资600亿元，“十五”期间共需3000亿元人民币，“十一五”期间将更多。

由于我国经济的高速发展，发电装机仍以高速发展。但电力运行的一些主要指标和装备指标与发达国家相比仍有很大差距。我国火电机组的平均煤耗为400g/kWh，比发达国家高出70～100g/kWh；发达国家发电厂的厂用电率为3.7%～6%，而我国的厂用电率为4.7%～10.5%，加之线损，我国送到用户的电能要比发达国家多耗电9.5%，相当于22 000MW装机容量，即22个百万大厂的年发电量。因此，我国的节能形势十分严峻。

0.1.4 我国变频器市场的发展与现状

随着变频器产品在发达国家的广泛应用，20世纪80年代初，大连电动机厂引进日本东芝的变频技术。以日本品牌为代表的外资品牌开始涌进中国，成为中国变频器行业的开端。接着日本三垦公司、日本富士电动机公司把变频器推进中国，使我国的电动机调速打破了直流调速的垄断局面，开始了交流电动机变频调速时代。

1996年，国家原机械部等四部委推荐国产29个厂家33个规格的变频器，但由于大部分本土企业受技术、资金和体制等方面制约，发展较慢，难以形成和国外品牌抗争的局面。

经过20余年的推广和使用，变频器这一产品已经得到广大企业用户的认可，外资品牌从三垦、富士两个品牌发展到目前的40余个，同时涌现了近百个国产品牌，品牌总数达到140多个。从整体看，虽然国产品牌的数量众多，但绝大多数产销规模很小，综合竞争力较弱。

0.2 电力电子器件

0.2.1 概述

电力电子器件（Power Electronic Device）是用于电能变换和电能控制电路中的大功率（通常指电流为数十至数千安，电压为数百伏以上）电子器件，又称功率电子器件。变频器的主电路不论是交—直—交变频还是交—交变频形式，都是采用电力电子器件作为开关器件的。因此，电力电子器件是变频器发展的基础。要深入研究变频器还需要对电力电子器件有一定的认识。

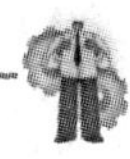

0.2.2 电力电子器件的发展

电力电子技术的发展，不但要求提高电力电子器件的控制容量和工作频率，而且还要降低器件的损耗功率，并使电力电子产品体积不断缩小。半导体技术的新成果，为此提供了必要的物质基础。

一般认为，电力电子技术的诞生是以1957年美国通用电气公司研制出第一个晶闸管为标志的。

实际上，在1904年，世界上第一只电子管在英国物理学家弗莱明的手下诞生了，它能在真空中对电子流进行控制，并应用于通信和无线电，从而开启了电子技术用于电力领域的先河。

20世纪30年代到50年代，水银整流器（汞弧整流器）广泛用于电化学工业、电气铁道直流变电站以及轧钢用直流电动机的传动，甚至用于直流输电。这一时期，各种整流电路、逆变电路、周波变流电路的理论已经发展成熟并广为应用。在这一时期，也应用直流发电机组来变流。

1947年美国著名的贝尔实验室发明了晶体管，引发了电子技术的一场革命。

1957年美国通用电气公司研制出第一个晶闸管，由于其优越的电气性能和控制性能，使之很快就取代了水银整流器和旋转变流机组，并且其应用范围也迅速扩大。电力电子技术的概念和基础就是由于晶闸管及晶闸管变流技术的发展而确立的。

20世纪60年代后期，可关断晶闸管GTO实现了门极可关断功能，并使斩波工作频率扩展到1kHz以上。70年代中期，高功率晶体管和功率MOSFET问世，功率器件实现了场控功能，打开了高频应用的大门。80年代，绝缘栅双极型晶体管（IGBT）问世，它综合了功率MOSFET和双极型功率晶体管两者的功能。它的迅速发展，又激励了人们对综合功率MOSFET和晶闸管两者功能的新型功率器件——MOSFET门控晶闸管的研究。因此，当前功率器件研究工作的重点主要集中在研究现有功率器件的性能改进、MOS门控晶闸管以及采用新型半导体材料制造新型的功率器件等。

电力电子器件正沿着大功率化、高频化、集成化的方向发展。20世纪80年代晶闸管的电流容量已达6000A，阻断电压高达6500V。但这类器件工作频率较低。提高其工作频率，取决于器件关断期间如何加快基区少数载流子（简称少子）的复合速度和经门极抽取更多的载流子。降低少子寿命虽能有效地缩短关断电流的过程，却导致器件导通期正向压降的增加，因此必须兼顾转换速度和器件通态功率损耗的要求。

20世纪80年代这类器件的最高工作频率在10kHz以下。双极型大功率晶体管可以在100kHz频率下工作，其控制电流容量已达数百安，阻断电压1000

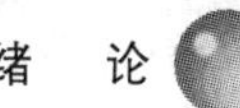

多伏，但维持通态比其他功率可控器件需要更大的基极驱动电流。由于存在热激发二次击穿现象，限制它的抗浪涌能力。进一步提高其工作频率仍然受到基区和集电区少子储存效应的影响。

20 世纪 70 年代中期发展起来的单极型 MOS 功率场效应晶体管，由于不受少子储存效应的限制，能够在兆赫以上的频率下工作。这种器件的导通电流具有负温度特性，不易出现热激发二次击穿现象；需要扩大电流容量时，器件并联简单，且具有较好的线性输出特性和较小的驱动功率；在制造工艺上便于大规模集成。但它的通态压降较大，制造时对材料和器件工艺的一致性要求较高。

20 世纪 80 年代中、后期电流容量仅达数十安，阻断电压近千伏。

20 世纪 80 年代发展起来的静电感应晶闸管、隔离栅晶体管以及各种组合器件，综合了晶闸管、MOS 功率场效应晶体管和功率晶体管各自的优点，在性能上又有新的发展。例如隔离栅晶体管，既具有 MOS 功率场效应晶体管的栅控特性，又具有双极型功率晶体管的电流传导性能，它容许的电流密度比双极型功率晶体管高几倍。静电感应晶闸管保存了晶闸管导通压降低的优点，结构上避免了一般晶闸管在门极触发时必须在门极周围先导通然后逐步横向扩展的过程，所以比一般晶闸管有更高的开关速度，而且容许的结温升也比普通晶闸管高。这些新器件，在更高的频率范围内满足了电力电子技术的要求。

功率集成电路指在一个芯片上把多个器件及其控制电路集合在一起。其制造工艺既概括了第一代功率电子器件向大电流、高电压发展过程中所积累起来的各种经验，又综合了大规模集成电路的工艺特点。这种器件由于很大程度地缩小了器件及其控制电路的体积，因而能够有效地减少当器件处于高频工作状态时寄生参数的影响，这对提高电路工作频率和抑制外界干扰十分重要。

从 20 世纪 60 年代到 70 年代初期，以半控型普通晶闸管为代表的电力电子器件，主要用于相控电路。这些电路十分广泛地用在电解、电镀、直流电动机传动、发电机励磁等整流装置中，与传统的汞弧整流装置相比，不仅体积小、工作可靠，而且取得了十分明显的节能效果（一般可节电 10% ~40%，从中国的实际看，因风机和泵类负载约占全国用电量的 1/3，若采用交流电动机调速传动，可平均节电 20% 以上，每年可节电 400 亿 kWh），因此电力电子技术的发展也越来越受到人们的重视。

20 世纪 70 年代中期出现的全控型可关断晶闸管和功率晶体管，开关速度快、控制简单，逆导可关断晶闸管更兼容了可关断晶闸管和快速整流二极管的功能。它们把电力电子技术的应用推进到了以逆变、斩波为中心内容的新领域。这些器件已普遍应用于变频调速、开关电源、静止变频等电力电子装置中。

20 世纪 80 年代初期出现的 MOS 功率场效应晶体管和功率集成电路的工

作频率达到兆赫级。集成电路的技术促进了器件的小型化和功能化。这些新成就为发展高频电力电子技术提供了条件，推动电力电子装置朝着智能化、高频化的方向发展。

0.3 电力电子器件的分类

0.3.1 按控制方法分类

按电力电子器件的控制方法分类，电力电子器件可分为不可控、半控型和全控型三大类。

1. 不可控器件

图0－1所示的功率二极管是二端器件，其特性与普通二极管相似，只要在二极管两端加足够大的正向阳极电压，二极管就会导通，反之则截止。由于无法控制其阳极电流，因此称为不可控器件。

图0－1　功率二极管

2. 半控型器件

图0－2所示的普通晶闸管是一种三端器件，在晶闸管的阳极、阴极两端加正向阳极电压后就可以通过向其门极输入控制信号控制元件的导通，但却不能控制其关断，因此被称为半控型器件。

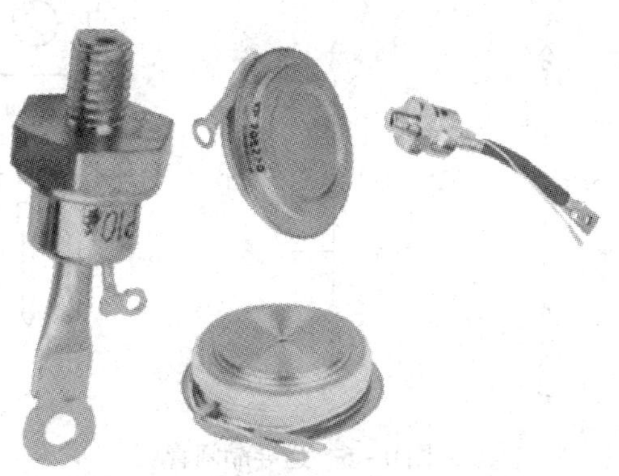

图0－2　普通晶闸管

半控型电力电子器件是第一代电力电子器件，自晶体闸流管（SCR）问世以来，其派生器件越来越多，如图 0-3 所示的快速晶闸管（FST）、图 0-4 所示的双向晶闸管（TRIAC）、图 0-5 所示的光控晶闸管（LAT）、图 0-6 所示的逆导晶闸管（RCT）等均属于半控型电力电子器件。

图 0-3 快速晶闸管

图 0-4 双向晶闸管

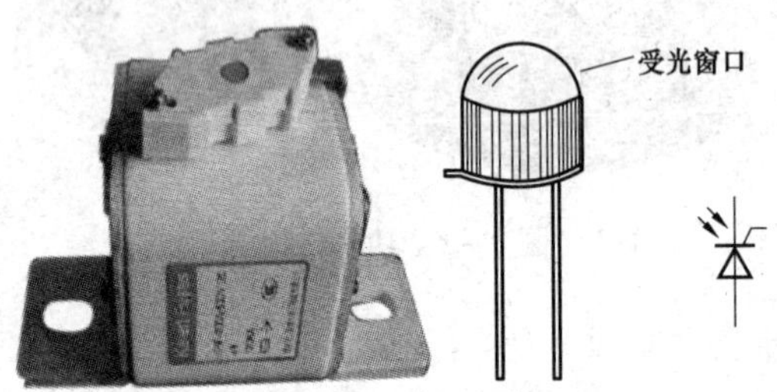

图 0-5 光控晶闸管

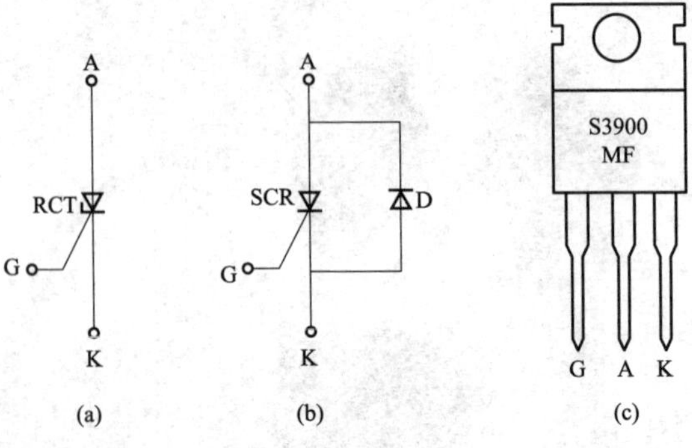

图 0-6 逆导晶闸管

（a）符号；（b）等效电路；（c）外形

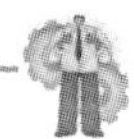

随着电力电子技术的日益发展，半控型电力电子器件的功率越来越大，性能日臻完善。但其本身的工作频率较低（低于400Hz），限制了它的应用。另外，由于要使其关断，需要在控制电路中加入强迫换相电路，使其体积和质量增加，效率及可靠性降低。现在正在趋于模块化发展，图0－7所示为普通晶闸管模块。

图0－7　普通晶闸管模块

3. 全控型电力电子器件

全控型电力电子器件被称为第二代电力电子器件。其门极信号既能使晶闸管导通，又能使其关断，故称为全控器件，也称为自关断器件。如图0－8所示的门极可关断晶闸管（GTO）、图0－9所示的功率（电力）晶体管（GTR）、图0－10所示的电力场效应晶体管（Power MOSFET）、图0－11所示的绝缘栅双极型晶体管（IGBT）、图0－12所示的静电感应晶闸管（SITH）等器件都是全控型电力电子器件。

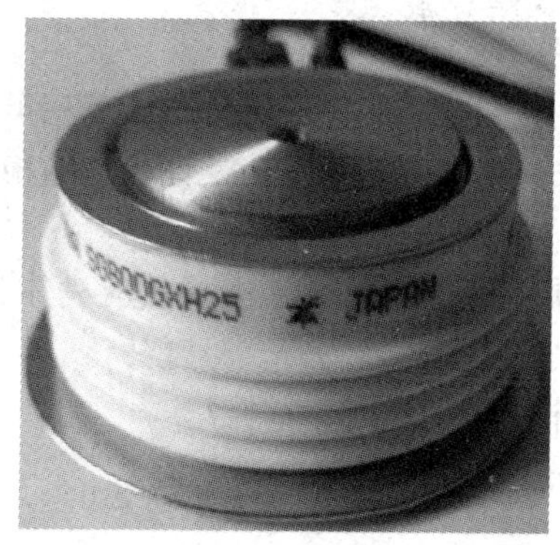

图0－8　门极可关断晶闸管（GTO）

图0－9　功率晶体管（GTR）

图0－10　电力场效应晶体管（MOSFET）

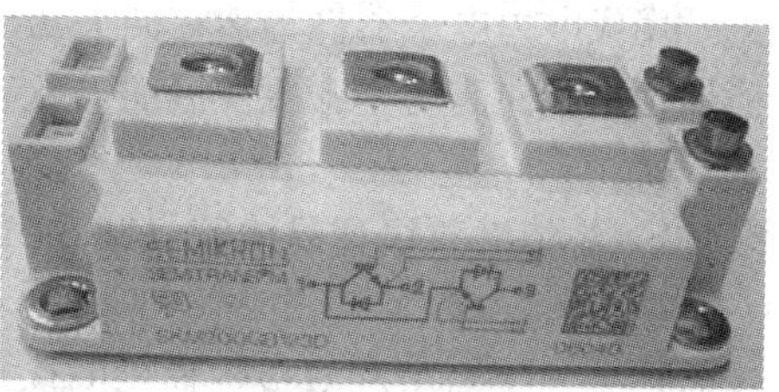

图0－11　绝缘栅双极型晶体管（IGBT）

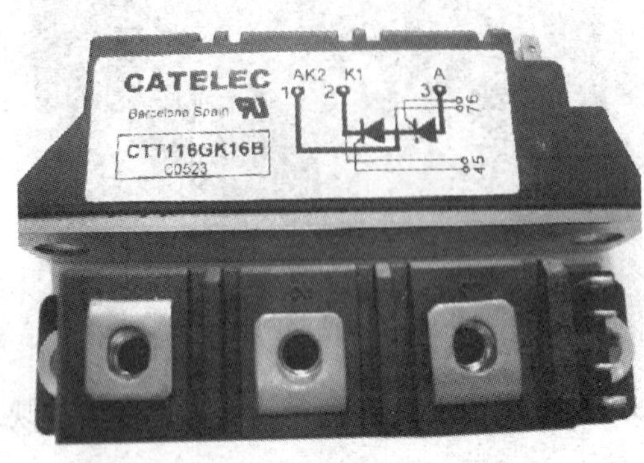

图 0-12 静电感应晶闸管

按其结构与原理，全控型电力电子器件可分为双极性、单极性和复合型。

双极型器件是内部的电子和空穴两种载流子参与导电的器件，如 GTO、GTR 等。

单极型器件是指器件内只有一种载流子参与导电的器件，如 MOSFET 等。

复合型器件是指复合了单极型器件与双极型器件的结构特点生产的一种全控型电力电子器件，其兼顾了前两者的优点，如 IGBT。

半控型和全控型电力电子器件电路简单、控制灵活、开关速度快，广泛应用于整流、逆变、斩波电路中，是电机调速、感应加热、电镀、电解、发电机励磁、直流输电的电力电子设备中的核心部件。这些装置体积小、工作可靠，且节能显著。

0.3.2 按功率器件分类

按构成电力电子器件的功率器件分类，电力电子器件又可分为以下三类。

(1) 功率二极管。其中包括功率整流二极管、肖特基二极管、齐纳稳压管等。

(2) 功率三极管。其中包括功率达林顿晶体管、MOS 功率场效应晶体管、隔离栅晶体管、功率静电感应晶体管、低频大功率晶体管等。

(3) 晶闸管。是指晶闸管及其派生器件。

当然，电力电子器件还有其他的分类方法，在此就不一一介绍了。

0.4 当前电力电子器件的发展方向

现代电力电子器件仍然在向大功率、易驱动和高频化方向发展。电力电子模块化是其向高功率密度发展的重要一步。当前电力电子器件的主要发展成果如下。

0.4.1 绝缘栅双极型晶体管（IGBT）

IGBT 是一种 N 沟道增强型场控（电压）复合器件。它属于少子器件类，兼有功率 MOSFET 和双极性器件的优点，即输入阻抗高、开关速度快、安全工作区宽、饱和压降低（甚至接近 GTR 的饱和压降）、耐压高、电流大。IGBT

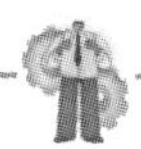

有望用于直流电压为1500V的高压变流系统中。

目前，已研制出的高功率沟槽栅结构IGBT（Trench IGBT）是高耐压大电流IGBT器件通常采用的结构，它避免了模块内部大量的电极引线，减小了引线电感，提高了可靠性。其缺点是芯片面积利用率下降。这种平板压接结构的高压大电流IGBT模块将在高压、大功率变流器中获得广泛应用。

正式商用的高压大电流IGBT器件至今尚未出现，其电压和电流容量还很有限，远远不能满足电力电子应用技术发展的需求，特别是在高压领域的许多应用中，要求器件的电压等级达到10kV以上。目前只能通过IGBT高压串联等技术来实现高压应用。国外的一些厂家如瑞士ABB公司采用软穿通原则研制出了8kV的IGBT器件，德国的EUPEC生产的6500V/600A高压大功率IGBT器件已经获得实际应用，日本东芝也已涉足该领域。

0.4.2 MOS控制晶闸管（MCT）

MCT（MOS-Controlled Thyristor）是一种新型MOS与双极复合型器件。它采用集成电路工艺，在普通晶闸管结构中制作大量MOS器件，通过MOS器件的通断来控制晶闸管的导通与关断。MCT既具有晶闸管良好的关断和导通特性，又具备MOS场效应管输入阻抗高、驱动功率低和开关速度快的优点，克服了晶闸管速度慢、不能自关断和高压MOS场效应管导通压降大的不足。所以MCT被认为是很有发展前途的新型功率器件。MCT器件的最大可关断电流已达到300A，最高阻断电压为3kV，可关断电流密度为325A/cm^2，且已试制出由12个MCT并联组成的模块。

在应用方面，美国西屋公司采用MCT开发的10kW高频串并联谐振DC－DC变流器，功率密度已达到6.1W/cm^3。美国正计划采用MCT组成功率变流设备，建设高达500kV的高压直流输电HVDC设备。国内的东南大学采用SDB键合特殊工艺在实验室制成了100mA/100V MCT样品；西安电力电子技术研究所利用国外进口厚外延硅片也试制出了9A/300V MCT样品。

0.4.3 集成门极换流晶闸管（IGCT）

图0－13所示的IGCT（Intergrated Gate Commutated Thyristors）是一种用于巨型电力电子成套装置中的新型电力半导体器件。IGCT使变流装置在功率、可靠性、开关速度、效率、成本、重量和体积等方面都取得了巨大进展，给电力电子成套装置带来了新的飞跃。IGCT是将GTO芯片与反并联二极管

图0－13　集成门极换流晶闸管

和门极驱动电路集成在一起，再与其门极驱动器在外围以低电感方式连接，结合了晶体管的稳定关断能力和晶闸管低通态损耗的优点，在导通阶段发挥晶闸管的性能，关断阶段呈现晶体管的特性。IGCT 具有电流大、电压高、开关频率高、可靠性高、结构紧凑、损耗低等特点，而且造成本低，成品率高，有很好的应用前景。

采用晶闸管技术的 GTO 是常用的大功率开关器件，相对于采用晶体管技术的 IGBT，在截止电压上有更高的性能，但广泛应用的标准 GTO 驱动技术造成不均匀的开通和关断过程，需要高成本的 dv/dt 和 di/dt 吸收电路和较大功率的门极驱动单元，因而造成可靠性下降，价格较高，也不利于串联。但是，在大功率 MCT 技术尚未成熟以前，IGCT 已经成为高压大功率低频交流器的优选方案。在国外，瑞典的 ABB 公司已经推出比较成熟的高压大容量 IGCT 产品。在国内，由于价格等因素，目前只有包括清华大学在内的少数几家科研机构在自己开发的电力电子装置中应用了 IGCT。

0.4.4 电子注入增强栅晶体管（IEGT）

图 0－14 所示的 IEGT（Injection Enhanced Gate Transistor）是耐压达 4kV 以上的 IGBT 系列电力电子器件，通过采取增强注入的结构实现了低通态电压，使大容量电力电子器件取得了飞跃性的发展。IEGT 具有作为 MOS 系列电力电子器件的潜在发展前景，具有低损耗、高速动作、高耐压、有源栅驱动智能化等特点，以及采用沟槽结构和多芯片并联而自均流的特性，使其在进一步扩大电流容量方面颇具潜力。另外，通过模块封装方式还可提供众多派生产品，在大、中容量变换器应用中被寄予厚望。日本东芝开发的 IECT 利用了电子注入增强效应，使之兼有 IGBT 和 GTO 两者的优点，即低饱和压降，宽安全工作区（吸收回路容量仅为 GTO 的 1/10 左右），低栅极驱动功率（比 GTO 低两个数量级）和较高的工作频率。器件采用平板压接式电极引出结构，可靠性高，性能已经达到 4.5kV/1500A 的水平。

图 0－14　电子注入增强栅晶体管

0.4.5 集成电力电子模块（IPEM）

IPEM（Intergrated Power Elactronics Modules）是将电力电子装置的诸多器件集成在一起的模块。它首先将半导体器件 MOSFET、IGBT 或 MCT 与二极管的芯片封装在一起组成一个积木单元，然后将这些积木单元叠装到开孔的高电导率的绝缘陶瓷衬底上，在它的下面依次是铜基板、氧化铍瓷片和散热片。在积木单元的上部，则通过表面贴装将控制电路、门极驱动、电流和温度传感器以及保护电路集成在一个薄绝缘层上。IPEM 实现了电力电子技术的智能化和模块化，大大降低了电路接线电感、系统噪声和寄生振荡，提高了系统效率及可靠性。

0.4.6 电力电子积木（PEBB）

PEBB（Power Electric Building Block）是在 IPEM 的基础上发展起来的可处理电能集成的器件或模块。PEBB 并不是一种特定的半导体器件，它是依照最优的电路结构和系统结构设计的不同器件和技术的集成。虽然它看起来很像功率半导体模块，但 PEBB 除了包括功率半导体器件外，还包括门极驱动电路、电平转换、传感器、保护电路、电源和无源器件。PEBB 有能量接口和通信接口。通过这两种接口，几个 PEBB 可以组成电力电子系统，这些系统可以像小型的 DC—DC 转换器一样简单，也可以像大型的分布式电力系统那样复杂。一个系统中 PEBB 的数量可以从一个到任何多个。多个 PEBB 模块一起工作可以完成电压转换、能量的储存和转换、阻抗匹配等系统级功能。PEBB 最重要的特点就是其通用性。

0.4.7 基于新型材料的电力电子器件

SiC 是目前发展最成熟的宽禁带半导体材料，可制作出性能更加优异的高温（300～500℃）、高频、高功率、高速度、抗辐射器件。SiC 高功率、高压器件对于公电输运和电动汽车等设备的节能具有重要意义。硅器件在今后的发展空间已经相对窄小，目前研究的方向是 SiC 等下一代半导体材料。采用 SiC 的新器件将在今后 5～10 年内出现，并将对半导体材料产生革命性的影响。用这种材料制成的功率器件，性能指标比砷化镓器件还要高一个数量级。碳化硅与其他半导体材料相比，具有下列优异的物理特点：高禁带宽度、高饱和电子漂移速度、高击穿强度、低介电常数和高热导率。上述这些优异的物理特性，决定了碳化硅在高温、高频率、高功率的应用场合是极为理想的材料。在同样的耐压和电流条件下，SiC 器件的漂移区电阻要比硅低 200 倍，即使高耐压的 SiC 场效应管的导通压降，也比单极型、双极型硅器件低得多。而且，SiC 器件的开关时间可达 10ns 级。SiC 可以用来制造射频和微波功率器件、高频整流器、MESFET、MOSFET 和 JFET 等。

SiC 高频功率器件已在 Motorola 公司研发成功，并应用于微波和射频装置；美国通用电气公司正在开发 SiC 功率器件和高温器件；西屋公司已经制造出了在 26GHz 频率下工作的甚高频 MESFET；ABB 公司正在研制用于工业和电力系统的高压、大功率 SiC 整流器和其他 SiC 低频功率器件。

理论分析表明，SiC 功率器件非常接近于理想的功率器件。SiC 器件的研发将成为未来的一个主要趋势。但在 SiC 材料和功率器件的机理、理论和制造工艺等方面，还有大量问题有待解决，SiC 要真正引领电力电子技术领域的又一次革命，估计还需等待一段时间。

第 1 章　西门子 MM420 变频器基础知识

1. 认识西门子 MM420 变频器的外形结构、操作面板及其拆卸方法。

2. 掌握西门子 MM420 变频器的选用原则和方法。

3. 掌握西门子 MM420 变频器的整体安装要求和安装操作。

4. 掌握西门子 MM420 变频调速系统的调试。

1.1 变频器的认识

学习目的

1. 了解西门子 MM420 变频器的电路基本结构。
2. 认识西门子 MM420 变频器的外形结构。
3. 认识西门子 MM420 变频器的面板及其拆卸方法。

◎ [基础知识]

1.1.1 西门子 MM4 系列变频器介绍

德国西门子公司 MM4 系列变频器有四种类型，即 MICROMASTER410（MM410）、MICROMASTER420（MM420）、MICROMASTER430（MM430）、MICROMASTER440（MM440）。

MM410 通用型变频器是用于控制三相交流电动机速度的变频器系列。本系列有多种型号，单相供电电源额定功率范围为 120～750W，可供用户选用。MM410 变频器由微处理器控制，并采用具有现代先进技术水平的绝缘栅双极型晶体管（IGBT）作为功率输出器件。因此，它们具有很高的运行可靠性和功能的多样性。其脉冲宽度调制的开关频率是可选的。因而降低了电动机运行的噪声。全面而完善的保护功能为变频器和电动机提供了良好的保护。

MM410 变频器具有缺省的工厂设置参数，它是给应用范围很广的简单电动机控制系统供电的理想变频驱动装置。MM410 变频器既可用于单机驱动系统，也可以集成到自动化系统中。

MM420 是用于控制三相交流电动机速度的变频器系列。本系列有多种型号，从单相电源电压，额定功率 120W 到三相电源电压，额定功率 11kW 可供用户选用。MM420 变频器由微处理器控制，并采用具有现代先进技术水平的绝缘栅双极型晶体管（IGBT）作为功率输出器件。因此，它们具有很高的运行可靠性和功能的多样性。其脉冲宽度调制的开关频率是可选的，因而降低了电动机运行的噪声。全面而完善的保护功能为变频器和电动机提供了良好的保护。

MM420 具有缺省的工厂设置参数，它是给数量众多的简单的电动机控制系统供电的理想变频驱动装置。由于 MM420 具有全面而完善的控制功能，在设置相关参数以后，它也可用于更高级的电动机控制系统。MM420 既可用于单独驱动系统，也可集成到自动化系统中。

MM430 是用于控制三相交流电动机速度的变频器系列。本系列有多种型号，额定功率范围为 7.5～250kW，可供用户选用。在采用变频器的出厂设定功能和缺省设定值时，MM430 变频器特别适合用于水泵和风机的驱动。MM430 变频器由微处理器控制，并采用具有现代先进技术水平的绝缘栅双极型晶体管（IGBT）作为功率输出器件。因此，它们具有很高的运行可靠性和功能的多样性。其脉冲宽度调制的开关频率是可选的，因而降低了电动机运行的噪声。全面而完善的保护功能为变频器和电动机提供了良好的保护。

MM440 是适合用于三相电动机速度控制和转矩控制的变频器系列，功率范围涵盖 120W～200kW［恒转矩（VT）方式］或 250kW［变转矩（VT）方式］的多种型号可供用户选用。本变频器由微处理器控制，并采用具有现代先进技术水平的绝缘栅双极型晶体管（IGBT）作为功率输出器件，因此，它们具有很高的运行可靠性和功能的多样性。其脉冲宽度调制的开关频率是可选的，因而降低了电动机运行的噪声。全面而完善的保护功能为变频器和电动机提供了良好的保护。

MM440 变频器具有缺省的工厂设置参数，它是为简单电动机变速驱动系统供电的理想变频驱动装置。由于 MM440 具有全面而完善的控制功能，在设置相关参数以后，它也适合用于需要多种功能的电动机控制系统。MM440 既可用于单机驱动系统也可集成到自动化系统中。

1.1.2 MM420 变频器的电路基本结构

一般变频器的内部电路分为两大部分，一部分是完成电能装换（整流、逆变）的主电路；另一部分是处理信息的收集、变换和传输功能的控制电路，其电路如图 1－1 所示。

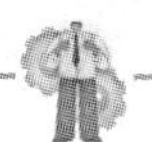

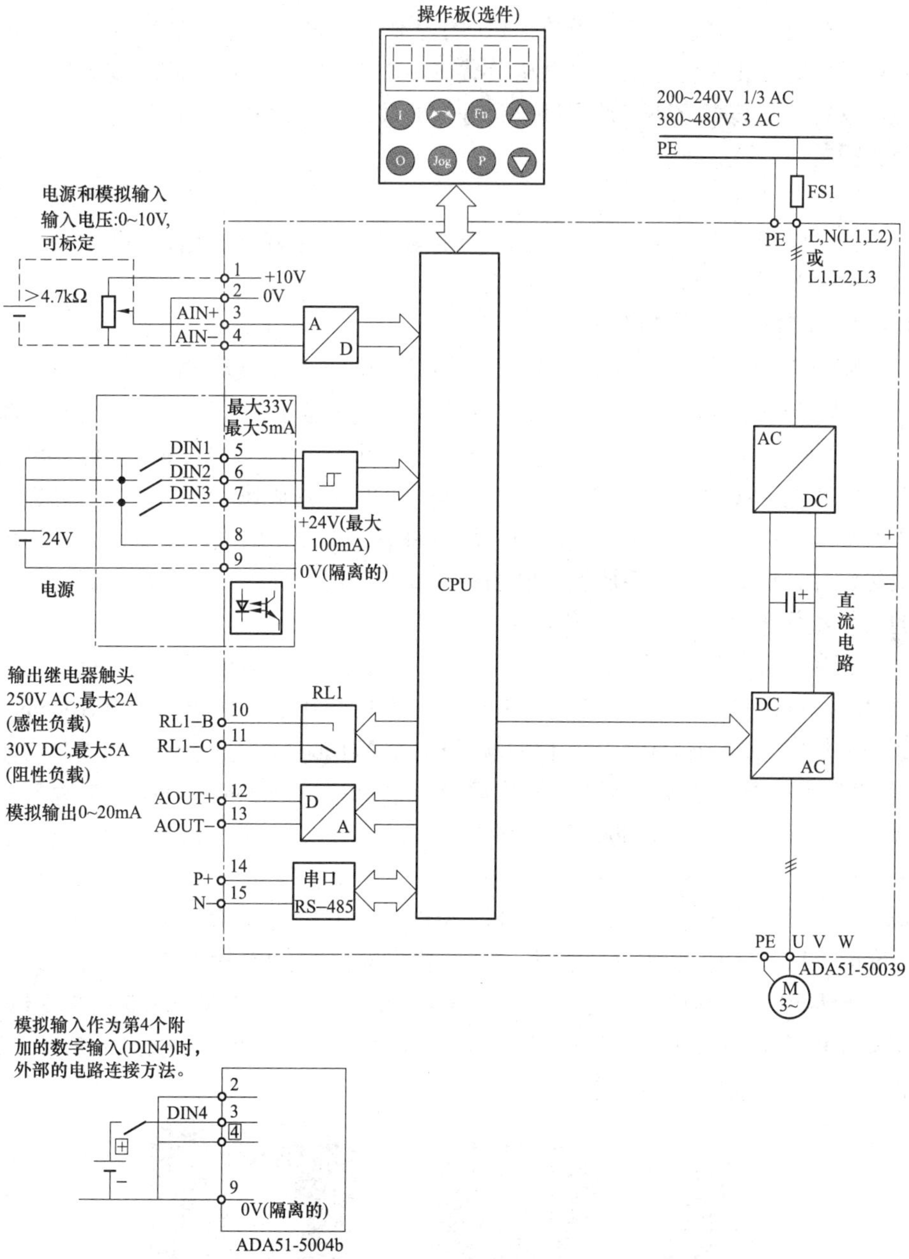

操作板(选件)
I
Fn
O
Jog
P
200~240V 1/3 AC
380~480V 3 AC
PE
FS1
PE
L,N(L1,L2)
或
L1,L2,L3
电源和模拟输入
输入电压:0~10V,
可标定
>4.7kΩ
1
+10V
2
0V
AIN+
3
AIN−
4
A
D
最大33V
最大5mA
DIN1
5
DIN2
6
DIN3
7
24V
8
9
+24V(最大
100mA)
0V(隔离的)
电源
CPU
AC
DC
+
−
直流电路
输出继电器触头
250V AC,最大2A
(感性负载)
30V DC,最大5A
(阻性负载)
RL1
RL1−B
10
RL1−C
11
DC
AC
模拟输出0~20mA
AOUT+
12
AOUT−
13
D
A
P+
14
N−
15
串口
RS−485
PE
U V W
ADA51-50039
M
3~
模拟输入作为第4个附
加的数字输入(DIN4)时,
外部的电路连接方法。
2
DIN4
3
4
9
0V(隔离的)
ADA51-5004b

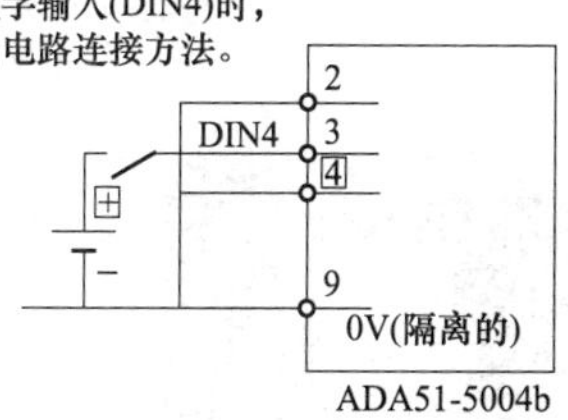

图 1－1　变频器结构图

1. 主电路

主电路是由电源输入单相交流电或三相交流电，经整流电路转换为直流电压，供给逆变电路。逆变电路在 CPU 的控制下，将直流电压逆变成电压、频率均可调的三相交流电供给电动机负载。由图 1－1 所示的 MM420 变频器结构图可以看出，其直流环节是通过电容进行滤波的，因此其属于电压型交—直—交变频器。

2. 控制电路

控制电路是由 CPU、模拟输入、模拟输出、数字输入、输出继电器触头、操作面板等器件组成。

1.1.3 MM420 通用变频器

MM420 是一款通用型变频器，下面主要介绍该系列变频器。

MM420 通用型变频器主要用于传送带、材料运输机、风机、泵类、机床驱动等负载。其主要特点是：易于安装、易于调试，牢固的 EMC 设计，可由 IT（中性点不接地）电源供电，对控制信号的响应是快速和可重复的，参数设置的范围很广，确保它可对广泛的应用对象进行配置，电缆连接简便，采用模块化设计，配置非常灵活脉宽调制的频率高，因而电动机运行的噪声低。详细的变频器状态信息和信息集成功能。

有多种可选件供用户选用。用于与 PC 通信的通信模块、基本操作面板（BOP）、高级操作面板（AOP），用于进行现场总线通信的 PROFIBUS module 通信模块、CANopen module 通信模块、DeviceNet module 通信模块、EMC 滤波器、LC 滤波器、进线电抗器、输出电抗器、PC connection kit PC 至变频器连接组、PC to AOP connection kit PC 至 AOP 连接组件、Cable screening kit 密封盖板——FSA、Cable screening kit 密封盖板——FSB、Cable screening kit 密封盖板——FSC、AOP door mounting kit AOP 柜门安装组件、BOP/AOP door mounting kit 柜门安装组件、制动电阻 、输出电抗器、LC 输出滤波器等。

MM420 变频器按工作电流及其外形尺寸分，可分为 A 型（4.5A /4.1A）、B 型（11.2A/10.2 A）、C 型（32.6A/29.7 A）三种类型，如图 1－2 所示，其外形尺寸见表 1－1。

图 1－2 MM420 变频器

表 1－1　　MM420 变频器外形尺寸

类　　型	宽×高×深（mm×mm×mm）
A 型	73×173×149
B 型	149×202×172
C 型	185×245×195

所有 MM420 变频器在供货时都带有状态显示屏（SDP）、基本操作面板（BOP）和高级操作面板（AOP）如图 1－3 所示，其他可选件例如图 1－4 所示变频器通信模块等，用户可视实际情况与需求自行订购。

(a)

(b)

(c)

图 1－3　MM420 操作面板

（a）状态显示屏（SDP）；（b）基本操作面板（BOP）；（c）高级操作面板（AOP）

利用 SDP 和制造厂商的缺省设置值，就可以使变频器成功地投入运行。如果厂商的缺省设置值不适合用户的设备情况，用户可以更换基本操作板（BOP）或高级操作板（AOP）修改参数，使之匹配起来。

图 1－5～图 1－7 所示分别为 A 型、B 型、C 型 MM420 变频器的操作面板及机壳盖板的拆卸方法图示。

按下变频器顶部的锁扣的按钮，向外拔出操作面板就可以将操作面板卸下，然后将要更换的操作面板下部的卡子放在机壳上的槽内，再将面板上部的卡子对准锁扣，轻轻推进去，听到咔的一声轻响，新的面板就被固定在变频器上了，如图 1－5 所示。

图 1－4　变频器通信模块

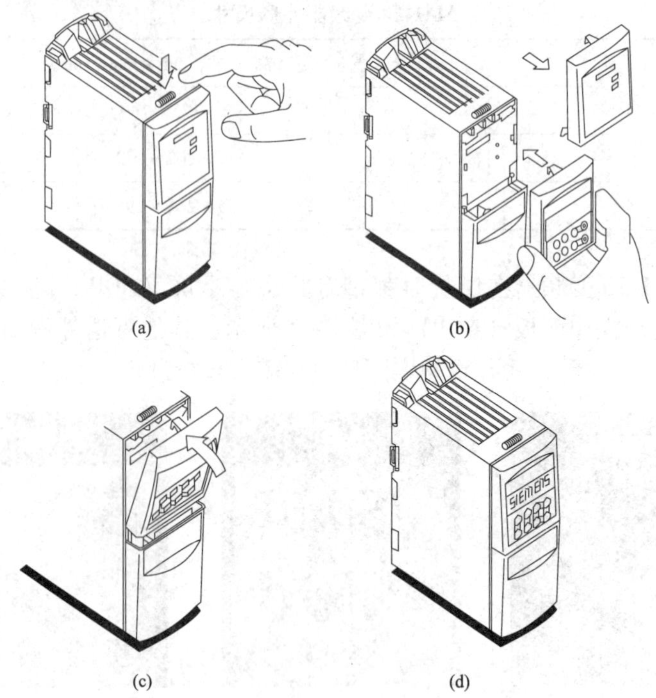

图 1-5 MM420 变频器操作面板的拆卸与更换
（a）按下锁扣；（b）向外拔出面板；（c）安装新面板；（d）更换面板完成

如果想要拆卸 A 型变频器的机壳盖板，可以在卸下操作面板后，将机壳盖板向下方推动，再拔起，就可以将其从固定槽中卸下，如图 1-6 所示。若是 B 型或 C 型变频器，卸下这部分机壳盖板后，还要将剩余的机壳盖板部分向左右两侧掰开，将其从机体上卸下，才能最终完成变频器机壳盖板的拆卸工作，如图 1-7 所示。

卸下机壳盖板后，其下就会露出变频器的外部接线端子，如图 1-7 所示。其中端子 1、2 是变频器提供的一个高精度 10V 直流电源。当使用模拟电压信号输入方式输入给定频率时，为提高交流变频调速系统的控制精度，必须配备一个高精度的直流稳压电源作为模拟电压输入的直流电源。

端子 3、4 提供了一对模拟电压给定输入端作为频率给定信号，经变频器内模/数转换器，将模拟信号转换为数字量，传输给 CPU 来控制系统。

数字输入 5、6、7 端子提供了三个可编程的数字输入端，数字输入信号经光耦合隔离输入 CPU，对电动机进行正反转、正反转点动、固定频率设定值控制等。

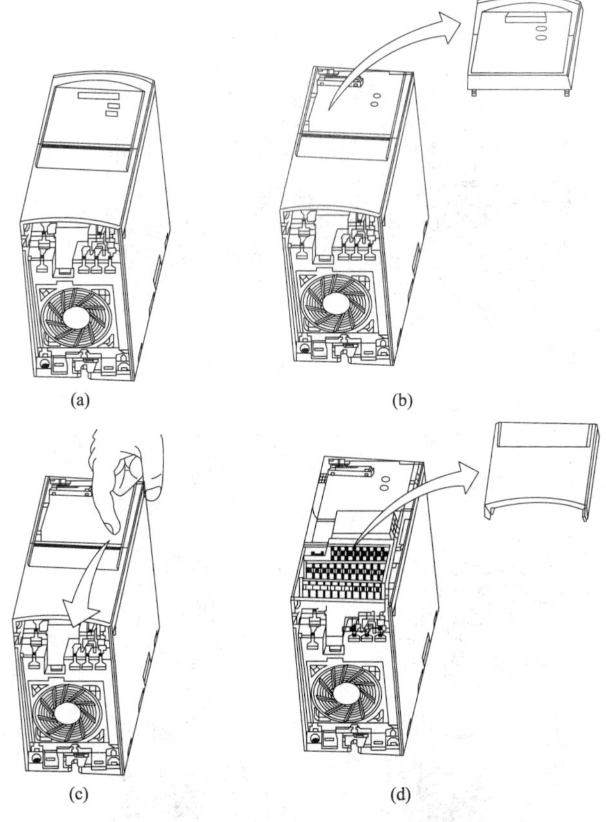

图 1－6 A 型 MM420 变频器机壳盖板的拆卸

（a）A 型 MM420 变频器；（b）卸下操作面板；

（c）向下推动机壳盖板；（d）向外拔起机壳盖板

输入 8、9 端子是一个 24V 直流电源，为变频器的控制电路提供 24V 直流电。

输出 10、11 端子为输出继电器的触头；输出 12、13 端子为模拟输出端；输入 14、15 端子为 RS－485（USS 协议）端。

◎［实战演练］

1.1.4 训练内容

（1）认识变频器各部分组件。

（2）拆卸及更换变频器操作面板。

（3）拆卸变频器的机壳盖板。

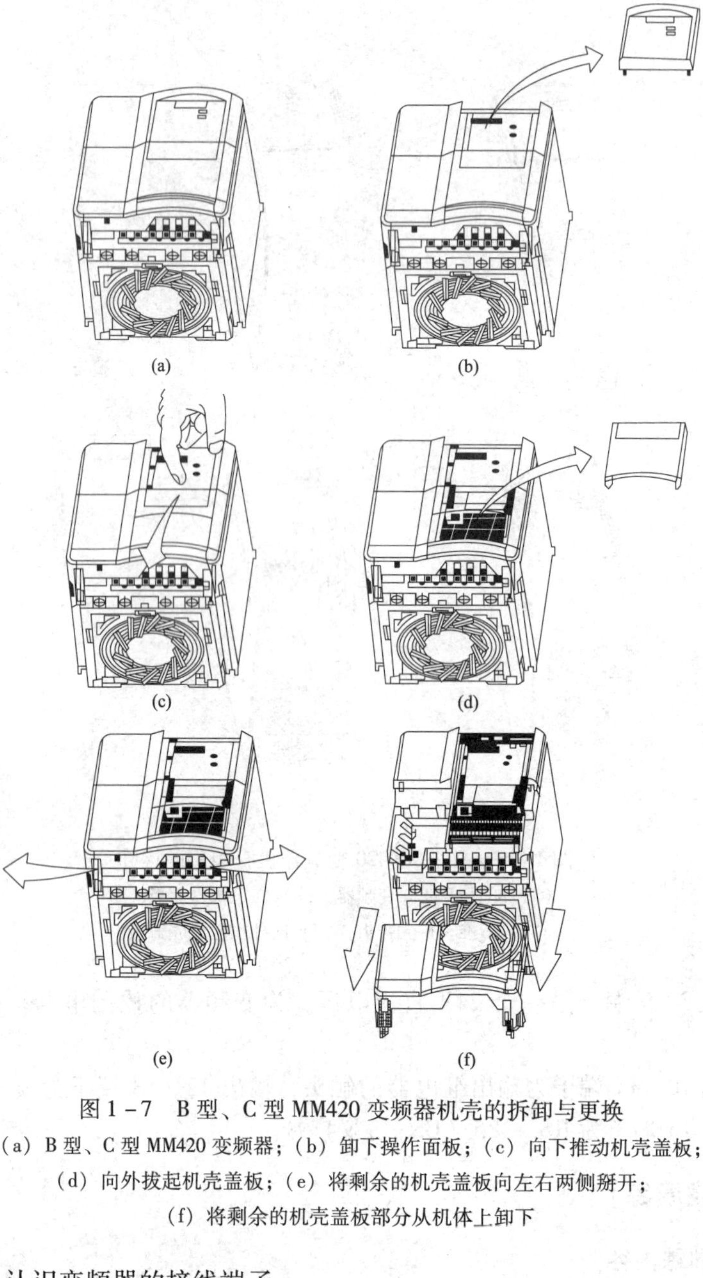

(a) (b)

(c) (d)

(e) (f)

图 1－7　B 型、C 型 MM420 变频器机壳的拆卸与更换

（a）B 型、C 型 MM420 变频器；（b）卸下操作面板；（c）向下推动机壳盖板；（d）向外拔起机壳盖板；（e）将剩余的机壳盖板向左右两侧掰开；（f）将剩余的机壳盖板部分从机体上卸下

（4）认识变频器的接线端子。

1.1.5　设备、工具和材料准备

西门子 MM420 变频器一个，螺钉旋具（螺丝刀）一把。

1.1.6 操作步骤

1. 拆卸及更换变频器操作面板

拆卸及更换西门子 MM420 变频器的操作面板方法及步骤可参照图 1－5 进行。

2. 拆卸变频器的机壳盖板

拆卸西门子 MM420 变频器的机壳盖板的方法及步骤可参照图 1－6 和图 1－7 进行。

3. 认识变频器的接线端子

将变频器的操作面板及机壳盖板拆卸下来后，就会露出变频器的接线端子，端子的名称及作用参见图 1－8。

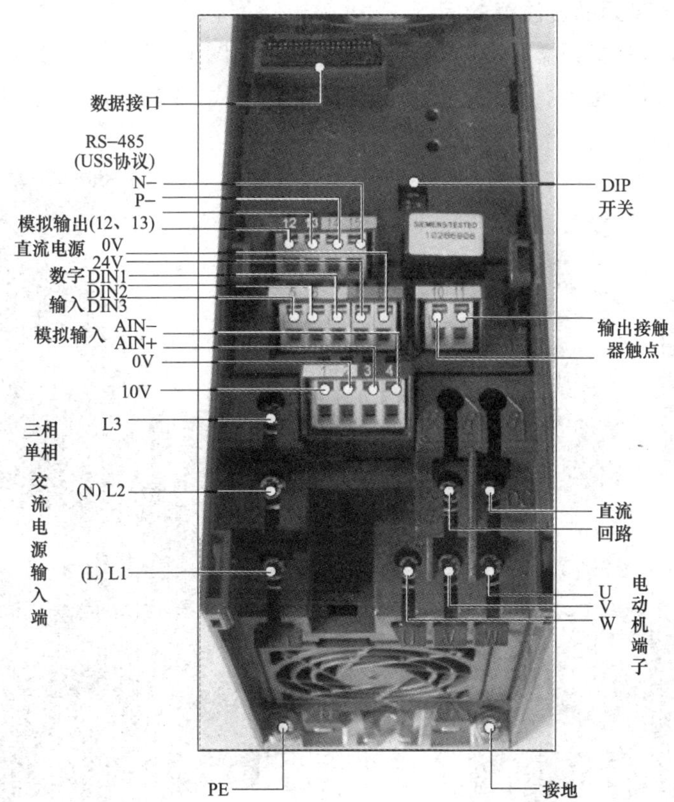

图 1－8　MM420 变频器接线端子（A 型）

◎ [自我训练]

1.1.7 拆卸变频器并认识端子

参照图 1－7 拆卸 B 型或 C 型 MM420 变频器，并认识其各接线端子。

1.2 变频器的选用

学习目的

1. 了解选用变频器时需要注意的原则。
2. 掌握选用变频器的具体方法。

◎［基础知识］

1.2.1 选择变频器应注意的问题

目前市场上变频器种类很多，国产品牌（如图1－9所示）如西普、佳灵、KV1000、康沃、惠丰、森兰、安邦信、富凌、时代、海利等。有我国港澳台地

KV1000

(a)

(b)

(c)

图1－9 国产变频器

(a) 佳灵变频器；(b) 康沃变频器；(c) 西普变频器

区的品牌，如普传、台达、阳岗、台安、正频、东亢、宁茂、爱德利等。欧美品牌（如图1－10所示）如德国的SIEMENS（西门子）、KEB（科比）、Lenze（伦茨）；法国的Schneider（施耐德）；丹麦的DANFOSS（丹佛斯）；芬兰的Vacon（威肯）；瑞典的ABB等。日本品牌如富士、三菱、安川、三星、东芝、日立、明电、松下、东洋等。韩国品牌如LG、三星、现代等（如图1－11所示）。

(a) (b) (c)

图1－10　欧美变频器

（a）丹佛斯变频器；（b）威肯变频器；（c）ABB变频器

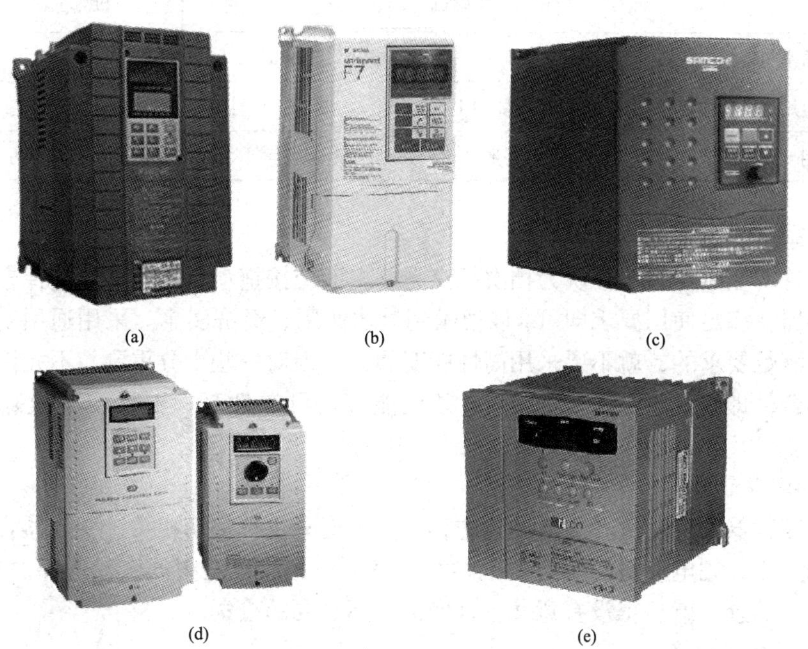

(a) (b) (c) (d) (e)

图1－11　日韩变频器

（a）富士变频器；（b）安川变频器；（c）三垦变频器；（d）LG变频器；（e）现代变频器

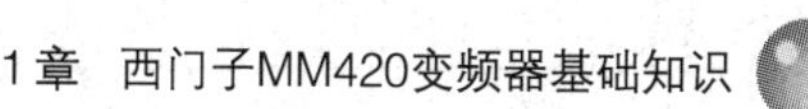

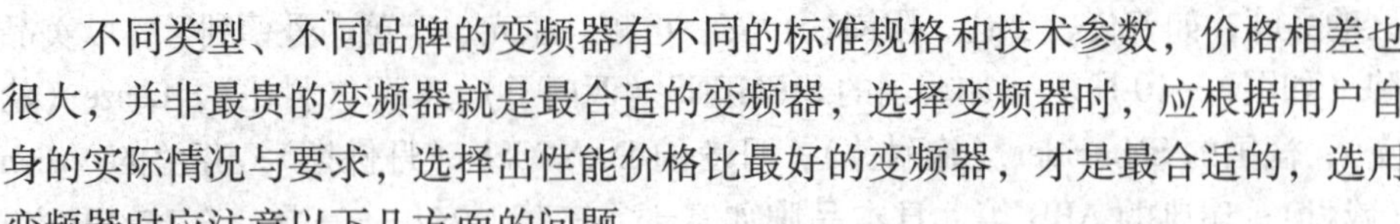

不同类型、不同品牌的变频器有不同的标准规格和技术参数，价格相差也很大，并非最贵的变频器就是最合适的变频器，选择变频器时，应根据用户自身的实际情况与要求，选择出性能价格比最好的变频器，才是最合适的，选用变频器时应注意以下几方面的问题。

1. 变频器的分类

变频器按用途分，大致可分为三类，即通用型变频器、高性能变频器和专用变频器。专用变频器是针对某种类型的机械而设计的变频器，如德国西门子的 MM430 变频器就是风机、泵类专用变频器。

2. 变频器的用途

采用变频器，有以调速为主要目的的，也有以节能为主要目的的，应视负载性质及用途等条件而定。负载类型主要有恒转矩、二次方转矩和恒功率三大类，它们与节能的关系见表 1－2。

表 1－2　　负载类型与节能关系表

负载类型	恒转矩 $M=C$	二次方转矩 $M\propto n^2$	恒功率 $P=C$
主要设备	传送带、起重机、压榨机、压缩机	风机、泵类	卷扬机、轧机、机床主轴等
功率与转速的关系	$P\propto n$	$P\propto n^3$	$P=C$
使用变频器的目的	以节能为主	以节能为主	以调速为主
使用变频器的节能效果	一般	显著	较小（指降压方式）

3. 性价比的评估

选用变频器时不要认为档次越高越好，而应按拖动负载的特性选择合适的变频器，满足使用要求即可，以便做到量才使用、经济实惠。采用通用变压器即可满足要求的，就不要采用高性能变频器。但对一些十分重要、不允许停机的场合，即使价格高一些也应选择性能好、可靠性高、不易发生故障的变频器。

4. 容量选择

变频器的容量选择与电动机的容量能否充分发挥密切相关。变频器容量选择的过小，则电动机的潜力就不能充分发挥；相反，变频器容量选择的过大，变频器的余量就显得没有意义，且增加了不必要的投资。

5. 售后服务

尽可能购买零部件易配、售后服务好的厂家的产品，以便给日后使用、维修带来便利。

1.2.2 根据负载选择变频器类型

变频器的类型要根据负载要求来选择。不同的负载特性电动机的输出功率及转速不同，负载特性与电动机功率及转速的关系见表1-3。一般来说，生产机械的性能分为恒转矩负载、恒功率负载和风机、泵类降转矩负载三种类型。表1-4给出了常见机械设备的负载特性和转矩特性。

表1-3 负载特性与电动机功率及转速的关系

负载特性	转　矩	功　率	负　载　实　例
恒功率	成反比 $M \propto \frac{1}{n}$	功率恒定 $P_2 = \frac{Mn}{9555} = C$	卷扬机
恒转矩	转矩恒定 $M = C$	$P_2 \propto n$	卷扬机、吊车、轧钢机、辊式运输机、印刷机、造纸机、压缩机
平方转矩	成二次方正比 $M \propto n^2$	成三次方正比 $P_2 \propto n^3$	流体负载，如风机、泵类
递减功率	M随n的减小而增大	P_2随n的减小而减小	各种机床的全轴电动机
负转矩	负载反向旋转的恒转矩为负转矩		吊车、卷扬机的重物下放

表1-4 常见机械设备的种类和转矩特性表

应用		负载种类				负载特性			
		摩擦性负载	重力负载	流体负载	惯性负载	恒转矩	恒功率	降转矩	降功率
流体机械	风机、泵类			√				√	
	压缩机			√		√			
	齿轮泵	√				√			
	压榨机				√	√			
	卷板机、拔丝机	√				√			
	离心铸造机				√				
金属加工机床	自动车床	√							√
	转塔车床					√			
	车床及加工中心						√		√
	磨床、钻床	√				√			
	刨床	√					√		√

续表

应用		负载种类				负载特性			
		摩擦性负载	重力负载	流体负载	惯性负载	恒转矩	恒功率	降转矩	降功率
输送机械	电梯控制装置		√			√			
	电梯门	√				√			
	传送带	√				√			
	门式提升机		√			√			
	起重机、升降机升降		√			√		√	
	起重机、升降机平移	√				√			
	运载机				√	√			
	自动仓库	√	√			√			
加工机械	搅拌器			√		√			
	农用机械、挤压机					√			
	分离机				√				
	印刷机、食品加工机械					√			
	商业清洗机				√				√
	鼓风机						√		
	木材加工机械	√				√			√

1. 恒转矩类负载

对于恒转矩类负载，如挤压机、搅拌机、传送带、厂内运输电车、起重机等，如采用普通功能型变频器，要实现恒转矩调速，常采用加大电动机和变频器容量的办法，以提高低速转矩；如采用具有转矩控制功能的高性能变频器来实现恒转矩负载的调速运行，则更理想。因为这种变频器低速转矩大，静态机械特性硬度大，不怕负载冲击，具有挖土机的特性。

2. 精度高、动态性能好、速度响应快的生产机械

对于要求精度高、动态性能好、速度响应快的生产机械，如造纸机、注塑机、轧钢机等，应采用矢量控制或直接转矩控制的高性能通用变频器。

3. 恒功率负载

对于恒功率负载，如车床、刨床、鼓风机等，由于没有恒功率特性的变频器，可依靠 U/f 控制方式来实现恒功率。

4. 风机、泵类负载

对于风机、泵类负载，由于负载转矩与转速的二次方成正比，低速时负载

转矩较小，通常可以选用专用或普通功能型通用变频器。必须指出，有些通用型变频器对三种负载都可适用。

1.2.3 如何选用变频器的防护结构

变频器的防护结构要与其安装环境相适应，这就要考虑环境温度、湿度、粉尘、酸碱度、腐蚀性气体等因素，这与变频器能否长期、安全、可靠运行关系重大。变频器的防护结构见表1－5。变频器内部产生的热量大，考虑的散热的经济性，除小容量变频器外，一般采用开启式结构，即IP00，用风扇进行强迫冷却。对于小容量变频器，根据使用场所可选用一般封闭式（IP20）、封闭式（IP40）或密封式（IP54或IP65）。

表1－5　变频器的防护结构

结构符号	防护方式	适用场所
IP00	开启式	专用于电控室内
IP20	一般封闭式	干燥、清洁、无尘的环境
IP40	封闭式	防溅水、不防尘
IP54	密封式	有一定尘埃，一般的湿热环境
IP65	密封式	较多尘埃，且有较高的湿热及有腐蚀性气体的环境

1.2.4 如何选择变频器的容量

变频器的容量选择需要考虑许多因素，如电动机的容量、电动机额定电流、电动机加速时间和减速时间等，其中最主要的是电动机额定电流。

变频器容量的选择应遵循以下原则。

1. 轻载起动或连续运行时变频器容量计算

电动机采用变频器运行与采用工频电源运行相比，由于变频器的输出电压、电流中会有高次谐波，电动机的功率因数、效率有所下降，电流约增加10%，因此变频器的容量（电流）可按式（1－1）或式（1－2）计算

$$I_{fe} \geq 1.1 I_e \tag{1-1}$$

$$I_{fe} \geq 1.1 I_{max} \tag{1-2}$$

式中　I_{fe}——变频器的额定输出电流，A；

I_e——电动机的额定电流，A；

I_{max}——电动机实际运行中的最大电流，A。

必须指出，即使电动机负载非常轻，电动机电流在变频器额定电流以内，也不能选用比电动机容量小很多的变频器。这是因为电动机的容量越大，其脉动电流值也越大，很有可能超过变频器的过电流限量。

2. 重载启动和频繁启动、制动运行时变频器容量计算

重载起动和频繁启动、制动运行时，变频器容量按式（1－3）计算

$$I_{fe} \geqslant (1.2 \sim 1.3) I_e \tag{1-3}$$

3. 对于风机、泵类负载，变频器容量计算

对于风机、泵类负载，变频器容量按式（1－4）计算

$$I_{fe} \geqslant 1.1 I_e \tag{1-4}$$

4. 加速、减速时变频器的容量计算

异步电动机在额定电压、额定功率下通常具有输出200%左右最大转矩的能力。但是变频器的最大输出转矩由其允许的最大输出电流决定，此最大电流通常为变频器额定电流的130%～150%（持续时间为1min），所以电动机中流过的电流不会超过此值，最大转矩也被限制在130%～150%。

如果实际加速、减速时的转矩较小，则可以减少变频器的容量，但也应留有10%。

变频器额定（输出）电流允许倍数及时间可由西门子公司提供的产品手册查得。

5. 频繁加速、减速运转的变频器容量计算

先按式（1－5）计算出负载等效电流 I_{jf}

$$I_{jf} = \frac{I_1 t_1 + I_2 t_2 + \cdots + I_n t_n}{t_1 + t_2 + \cdots + t_n} \tag{1-5}$$

式中 I_1、I_2、…、I_n——各运行状态下的平均电流，A；

t_1、t_2、…、t_n——各运行状态下的时间，s。

然后按式（1－6）计算变频器的额定容量

$$I_{fe} = kI_{jf} \tag{1-6}$$

$$I_{fe} \geqslant \frac{I_q}{k_f} = \frac{k_q I_e}{k_f}$$

式中 I_q——电动机直接启动电流，A；

k_q——电动机直接启动电流倍数，一般为5～7；

k_f——变频器的允许过载倍数，可由变频器产品手册查得，一般可取1.5。

6. 根据负载性质选择变频器的容量

即使相同功率的电动机，负载性质不同，所需的变频器的容量也不相同。其中，二次方转矩负载所需的变频器容量较恒转矩负载的低。

7. 多台电动机共用一台变频器的容量计算

除前面六点需要注意的之外，还要按各电动机的电流总值来选择变频器的

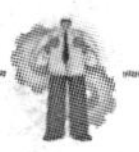

容量。若所有电动机容量均相等，如有部分电动机直接启动时，可按式(1－7)计算变频器容量

$$I_{fe} \geqslant \frac{N_2 I_q + (N_1 - N_2) I_e}{k_f} \tag{1-7}$$

式中　N_1——电动机总台数；

N_2——直接启动的电动机台数。

8. 注意变频器的过载容量

通用变频器的过载容量通常为125%、60s或150%、60s，需要超过此值的过载容量就必须增加变频器的容量。比如，对于125%、60s的变频器，要求其具有180%的过载容量时，必须在上面方法选定的I_{fe}数值的基础上，再乘以1.8/1.25。

1.2.5　选择变频器的额定参数

1. 一台变频器拖动一台电动机

当用一台变频器拖动一台电动机时，有：

$$P_{fe} \geqslant P_e$$

式中　P_{fe}——变频器额定功率，kW；

P_e——电动机额定功率，kW。

2. 一台变频器拖动几台电动机

当用一台变频器拖动几台电动机，且几台电动机功率相等并在相同的工作环境和工作状况下同时启动、工作时，有

$$P_{fe} \geqslant P_{e1} + P_{e2} + P_{e3} + \cdots + P_{en}$$

这样比采用多台小功率的变频器要节省投资。

3. 几台电动机功率差别大且不能同时启动、工作

当几台电动机功率差别大且不能同时启动、工作时，不宜采用一台变频器拖动几台电动机，否则变频器的功率会很大，在经济上不合算。

4. 变频器的额定电流选择

变频器的额定电流选择可参见前面介绍的变频器容量选择方法。

5. 变频器的额定电压

变频器的额定电压一般可按电动机的额定电压选择，即

$$U_{fe} = U_e$$

6. 变频器的频率

对于通用变频器可选用0～240Hz或0～400Hz，对于风机、泵类专用变频器可选用0～120Hz。

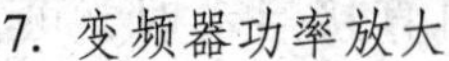
7. 变频器功率放大

在传动惯量大，启动转矩大，或电动机带负载且要正反转运行的情况下，变频器的功率（容量）应放大一级。

1.2.6 根据电动机的容量选择变频器的容量

380V、160kW 以下单台变频器容量与电动机的匹配见表 1-6。

表 1-6　变频器容量与电动机的匹配

变频器容量（kVA）	电动机功率（kW）	变频器容量（kVA）	电动机功率（kW）
2	0.4、0.75	50	22、30
4	1.5、2.2	60	37
6	3.7	100	45、55
10	5.5	150	75、90
15	7.5	200	110、132
25	11、15	230	160
35	18.5		

注　表中匹配关系并非唯一，可根据应用情况自行选择。

电动机定子等效磁场不是四极时变频器的容量选择：通常通用变频器是按四极电动机的电流值设计的，如果电动机不是四极，就不能仅以电动机的容量来选择变频器的容量，必须用电流来校核。

◎ [实战演练]

1.2.7 训练内容

已知电动机铭牌数据，确定变频器的额定参数。

1.2.8 步骤

已知 Y112N—4 三相异步电动机额定参数如下：

额定功率为 4kW；接法为△接法；额定电压为 380V；额定电流为 8.6A；额定转速为 1440r/min；额定频率为 50Hz；功率因数为 0.85。

根据前文介绍的方法，试确定该电动机如作为引风机使用，所需变频器的额定参数。

（1）根据负载类型确定变频器类型。

（2）根据电动机额定参数确定变频器的额定容量、额定电流、额定电压。

◎ [自我训练]

1.2.9 确定变频器的类型及额定参数

电动机参数参照前文实战演练的电动机数据，若是三台同样的电动机，作

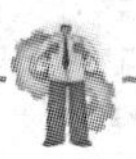

为引风机使用，全部直接起动，试确定变频器的类型及额定参数。

1.3 变频器的安装

学习目的

1. 了解 MM420 变频器的整体安装要求。
2. 掌握 MM420 变频器的机械、电气安装方法。

◎ [基础知识]

1.3.1 安装变频器对环境条件的要求

变频器的安装环境、安装方式、安装中主回路和控制回路的接线要求以及防雷保护等各环节及注意事项，这些安装细节是确保变频器安全和可靠运行的基本条件和必要措施，直接关系着变频器及其系统运行安全和系统的可靠性。

变频器只有安装在规定的环境条件下才能正常地、安全可靠地工作，如果环境条件不能满足其工作要求，就应采取相应的措施，改善其工作环境，使变频器能够安全可靠地正常工作。变频器运行的环境温度和变频器允许输出电流的关系如图 1－12 所示。

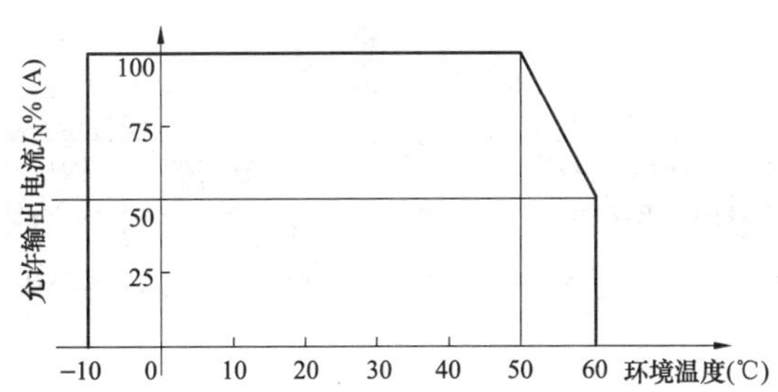

图 1－12　变频器运行的环境温度与允许输出电流的关系

一般变频器的工作运行环境规定如下。

一、环境温度

变频器与其他电子设备一样，对周围环境温度有一定的要求，一般为 −10～＋50℃。由于变频器内部是大功率的电子器件，极易受到工作温度的影响，但为了保证变频器工作的安全性和可靠性，使用时应考虑留有余地，最好控制在 40℃以内。40～50℃之间降额使用，每升高 1℃，额定输出电流须减少 1%。如环境温度太高且温度变化大，变频器的绝缘性会大大降低，影响变频器的寿命。

二、相对湿度

变频器对环境湿度有一定要求，变频器的周围空气相对湿度 20% ~90%，不结露、无冰冻，根据现场工作环境必要时须在变频柜箱中加放干燥剂和加热器。

三、周围空气

变频器的周围空气中应无粉尘、无腐蚀性气体、无可燃气体或油雾，不受日光直晒。

四、海拔

变频器的海拔应在 1000m 以下。海拔过高时，气压下降，容易破坏电气绝缘，在 1500m 时，耐压降低 5%；3000m 时耐压降低 20%。另外，海拔超高，额定电流值将减小，海拔为 4000m 时，输出电流为 1000m 时的 40%；1500m 时减小为 99%；3000m 时减小为 96%。从 1000m 开始，每超过 100m 允许温度就下降 1%。变频器安装地点的海拔与额定参数的降格如图 1－13 所示。

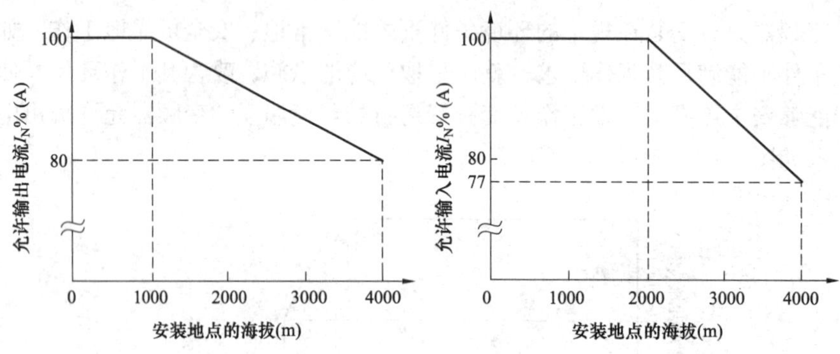

图 1－13　变频器安装地点的海拔与额定参数的降格

五、振动

变频器在运行的过程中，要注意避免受到振动和冲击。变频器的振动加速度 G 应小于 $0.6g$。变频器是由很多元器件通过焊接、螺钉连接等方式组装而成。当变频器或装变频器的控制柜受到机械振动或冲击时，会使变频器焊点、螺钉等连接器件或连接头松动或脱落，继电器、接触器等器件误动作，引起电气接触不良甚至造成期间短路等严重故障。如果在振动加速度超过允许值处安装变频器，应采取防范措施，如加装隔振器，采用防振橡胶垫等。因此，变频器运行中除了提高控制柜的机械强度、远离振动源和冲击源外，还应在控制柜外加装抗振橡皮垫片，在控制柜内的器件和安装板之间加

装缓冲橡胶垫，减振。一般在设备运行一段时间后，应对控制柜进行检查和维护。

六、电磁辐射

变频器的电磁辐射不允许将变频器安装在电磁辐射源附近。变频器的电气主体是功率模块及其控制系统的硬软件电路，这些元器件和软件程序受到一定的电磁干扰时，会发生硬件电路失灵、软件程序乱飞等造成运行事故。为了避免因电磁干扰，变频器应根据所处的电气环境，采取有防止电磁干扰的措施，具体如下：

（1）输入电源线、输出电机线、控制线应量远离。

（2）容易受影响的设备和信号线，应尽量远离变频器安装。

（3）关键的信号线应使用屏蔽电缆，建议屏蔽层采用360°接地法接地。

七、防止输入端过电压

变频器的主电路是有电力电子器件构成，这些器件对过电压十分敏感，变频器输入端过电压会造成主元件的永久性损坏。例如有些工厂自备发电机供电，电压波动会比较大，所以对变频器的输入端过电压应有防范措施。

1.3.2 机械安装

一、MM420 变频器的固定

MM420 变频器有 A、B、C 三种不同尺寸的变频器，这三种变频器都可以在安装面上钻孔，利用螺钉固定在安装面上。三种变频器的安装钻孔如图 1－14 所示。另外，外形尺寸 A 的变频器还可以安装在固定在安装面上的导轨上。MM420 变频器的外形尺寸和螺钉紧固扭矩的关系见表 1－7。

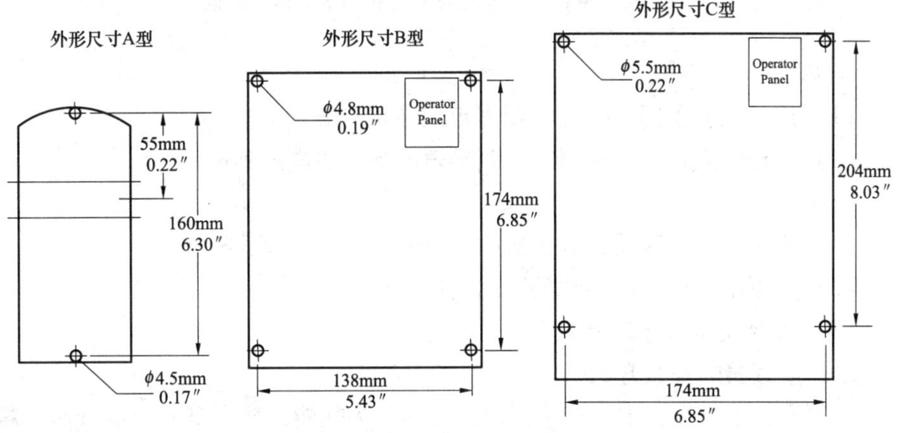

图 1－14　变频器 MM420 的安装钻孔图

表 1－7　　MM420 变频器的外形尺寸和螺钉紧固扭矩

类　型	宽×高×深（mm×mm×mm）	固定方法	螺钉紧固扭矩
A 型	73×173×149	2×M4 螺栓 2×M4 螺母 2×M4 垫圈	2.5Nm （带安装配套垫圈）
B 型	149×202×172	4×M4 螺栓 4×M4 螺母 4×M4 垫圈	
C 型	185×245×195	4×M5 螺栓 4×M5 螺母 4×M5 垫圈	

图 1－15 所示为 MM420　A 型尺寸变频器的安装拆卸图，变频器的安装与拆卸的方法如下。

图 1－15　MM420　A 型尺寸变频器的安装与拆卸

1. 安装

（1）用导轨的上闩销把变频器固定到导轨的安装位置上。

（2）向导轨上按压变频器，直到导轨的下闩销嵌入到位。

2. 拆卸

（1）为了松开变频器的释放机构，将螺钉刀插入释放机构中。

（2）向下施加压力，导轨的下闩销就会松开。

（3）将变频器从导轨上取下。

二、变频器的安装方式

变频器在运行过程中有功率损耗，并转换为热能，使自身的温度升高。粗略地说，每 1kVA 的变频器容量，其损耗功率为 40～50W。因此，安装变频器时要考虑变频器散热问题，要考虑如何把变频器运行时产生的热量充分地散发

出去，因此要讲究安装方式。

1. 壁挂式安装

变频器的外壳设计比较牢固，一般情况下，允许直接安装在墙壁上，称为壁挂式。为了保证通风良好，所有变频器都必须垂直安装，变频器与周围物体之间的距离应满足下列条件，如图 1－16 所示，左、右两侧各留大于 100mm 的空间，上下大于 150mm，而且为了防止杂物掉进变频器的出风口阻塞风道，在变频器出风口的上方最好安装挡板。

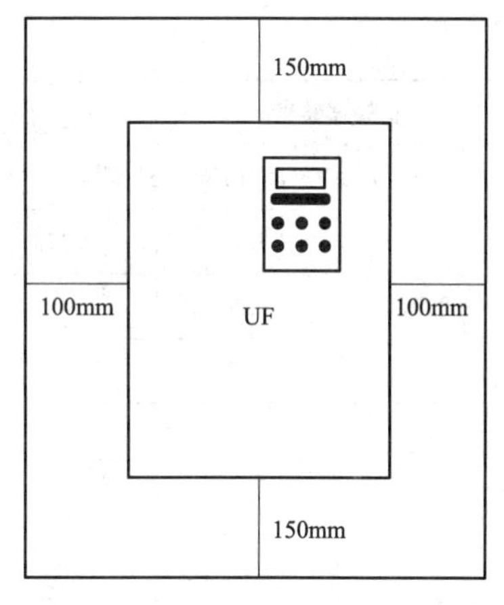

图 1－16　变频器的壁挂式安装

2. 柜式安装方式

当现场的灰尘过多、湿度比较大或变频器外围配件比较多，且需要和变频器安装在一起时，可以采用柜式安装。变频器柜式安装是目前最好的安装方式，可以起到很好的屏蔽辐射干扰，同时也能起到防灰尘、防潮湿、防光照等作用。柜式安装方式的注意事项如下：

（1）单台变频器采用柜内冷却方式时，变频柜顶端应安装抽风式冷却风扇，并尽量装在变频器的正上方（这样便于空气流通）。

（2）多台变频器安装应尽量并列安装，如必须采用纵向方式安装，应在两台变频器间加装隔板。

3. 变频器安装柜的尺寸

变频器安装柜有开启式机柜、封闭式机柜和密封式机柜三种。密封式机柜又分自然式通风和采用风扇强迫通风等。为保证变频器的安全可靠地运行，机柜温度应不超过 50℃。开启式机柜的保护级别为 IP00，封闭式机柜的保护级别为 IP20 和 IP40，密封式机柜的保护级别为 IP54、IP65。密封式变频器安装柜的参考尺寸见表 1－8。

表 1－8　　密封式变频器安装柜的参考尺寸

变频器装置		功率损耗	密封式概略尺寸（mm）			风扇冷却式概略尺寸（mm）		
电压（V）	容量（kW）	（额定时）（W）	宽	深	高	宽	深	高
200/220	0.4	62	400	250	700	—	—	—
	0.75	118	400	400	1100	—	—	—
	1.5	169	500	400	1600	—	—	—
	2.2	190	600	400	1600	—	—	—

续表

变频器装置		功率损耗（额定时）（W）	密封式概略尺寸（mm）			风扇冷却式概略尺寸（mm）		
电压（V）	容量（kW）		宽	深	高	宽	深	高
200/220	3.7	273	1000	400	1600	—	—	—
	5.5	420	1300	400	2100	600	400	1200
	7.5	525	1500	400	2300	—	—	—
400/440	0.75	102	400	400		—	—	—
	1.5	130	400	400	1400	—	—	—
	2.2	150	600	400	1600	—	—	—
	3.5	195	600	400	1600	—	—	—
	5.5	290	700	600	1900	—	—	—
	7.5	395	1000	600	1900	600	400	1200
	11	580	1600	600	2100	600	600	1600
	15	790	2200	600	2300	600	600	1600
	22	1160	2500	1000	2300	600	600	1900
	30	1470	3500	1000	2300	700	600	2100
	37	1700	4000	1000	2300	700	600	2100
	45	1940	4000	1000	2300	700	600	2100
	55	2200	4000	1000	2300	700	600	2100
	75	300	—	—	—	800	550	1900
	110	4300	—	—	—	800	550	1900
	150	5800	—	—	—	900	550	2100
	220	8700	—	—	—	1000	550	2300

三、安装变频器的注意事项

在安装变频器时，应注意以下要求：

（1）变频器工作时，其散热片的温度可达90℃，因此安装底板必须为耐热材料。由于变频器内部热量是从上部排除，安装时不可安装在木板等易燃材料的下方。

（2）对于采用强迫风冷的变频器，为防止外部灰尘吸入，应在吸入口设置空气过滤器。在门扉部设置屏蔽垫。为确保冷却风道畅通，电缆配线槽不要堵住机壳上的散热孔。

（3）多台变频器邻近并排安装时，其间必须留有足够的距离（不小于

50cm）。若几台变频器上下垂直布置安装，即纵向配置（应尽量避免），相互间必须至少相距 100mm，并且为了使下部的热量不致影响上部的变频器，变频器之间应加隔板，并采用抽风风扇排热。

（4）安装时要避免变频器受冲击和跌落。

（5）变频器不能安装在有可燃气体、爆炸气体、爆炸物的危险场所。

（6）变频器应安装在电器柜中或其他防尘、防潮、防腐、防止液体喷溅和滴落的空间内。

（7）变频器必须可靠接地。

1.3.3 电气安装

一、对变频器的供电电源的要求

对变频器的供电电源有如下要求：

（1）交流输入电源。电压持续波动不超过 ±10%，短暂波动不超过 -10% ~ +15%；频率波动不超过 ±2%，频率的变化速度每秒不超过 ±1%；三相电源的负序分量不超过正序分量的 5%。

（2）直流输入电源。电压波动范围为额定值的 -7.5% ~ +5%，蓄电池组供电时的电压波动范围为额定值的 ±15%，直流电压纹波不超过额定电压值的 15%。

二、进行电气连接时的注意事项

（1）不要用高压绝缘测试设备测试与变频器连接的电缆的绝缘。

（2）即使变频器不处于运行状态，其电源输入线、直流回路端子和电动机端子上仍然可能带有危险电压。因此，断开开关以后还必须等待 5min，保证变频器放电完毕，再开始安装工作。

（3）变频器的控制电缆、电源电缆和与电动机连接电缆的走线必须相互隔离。不要把它们放在同一个电缆线槽中或电缆架上。

（4）变频器可以在供电电源的中性点不接地的情况下运行，而且，当输入线中有一相接地短路时仍可继续运行。如果输出有一相接地，MM420 将跳闸，并显示故障码 F0001。

（5）电源（中性点）不接地时需要从变频器中拆掉 Y 形接线的电容器，并安装一台输出电抗器。图 1-17 所示为 A 型 MM420 变频器 Y 接电容器的拆卸，图 1-18 所示为 B 型、C 型 MM420 变频器的 Y 接电容器的拆卸。

（6）在连接变频器或改变变频器接线之前，必须断开电源。

（7）确信电动机与电源电压的匹配是正确的。不允许把单相/三相 230V 的 MM420 变频器连接到电压更高的 400V 三相电源。

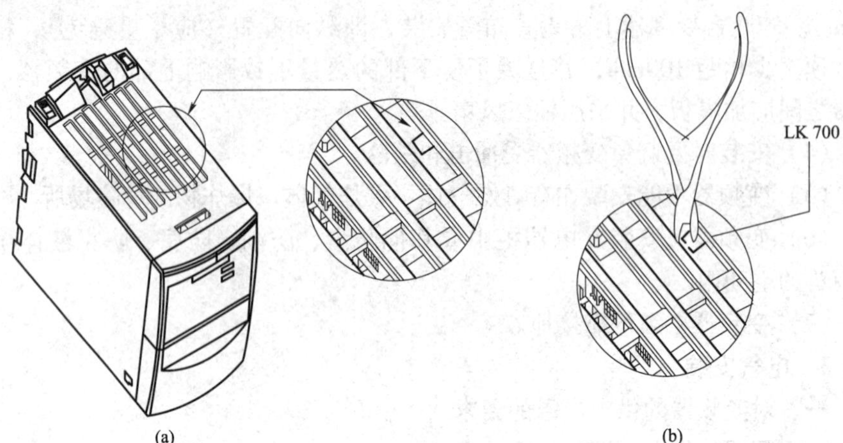

图 1－17　A 型尺寸 MM420 变频器 Y 接电容器的拆卸

（a）Y 接电容器的位置；（b）拆卸 Y 接电容器

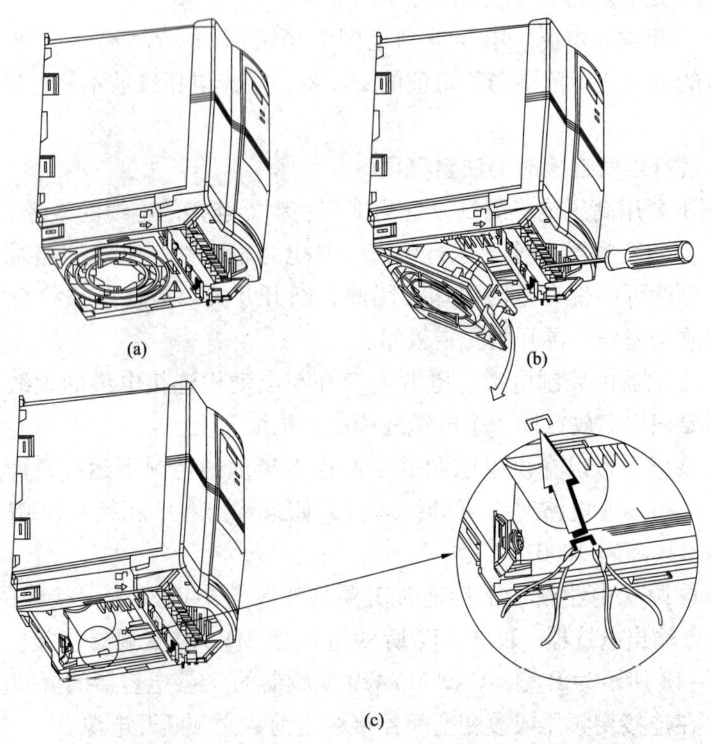

图 1－18　B 型、C 型 MM420 变频器的 Y 接电容器的拆卸

（a）B 型、C 型 MM420 变频器；（b）卸下下端盖；（c）Y 接电容器的位置及拆卸

（8）连接同步电动机或并联连接几台电动机时，变频器必须在 U/f 控制特性下（P1300 =0、2 或 3）运行。

（9）电源电缆和电动机电缆与变频器相应的接线端子连接好以后，在接通电源时必须确信变频器的盖子已经盖好。

（10）电源输入端子通过线路保护用断路器或带漏电保护的断路器连接到三相交流电源。特别注意的是，三相交流电源绝对不能直接接到变频器输出端子，否则将导致变频器内部器件损坏。

（11）直流电抗器连接端子接改善功率因数用的直流电抗器，端子上连接有短路导体，使用直流电抗器时，先要取出此短路导体。

（12）制动单元连接端子［P（+）、PB］。一般厂家小功率变频器（0.75～15kW）内置制动电阻；中、大功率（18.5kW 以上）制动电阻须外置。

（13）直流电源输入端子［P（+）、N（-）］。外置制动单元的直流输入端子，分别为直流母线的正负极。

（14）接地端子（PE）。变频器会产生漏电流，载波频率越大，漏电流越大。变频器整机的漏电流大于3.5mA，漏电流的大小由使用条件决定，为保证安全，变频器和电机必须接地。接地电阻应小于10Ω。接地电缆的线径要求，应根据变频器功率的大小而定。切勿与焊接机及其他动力设备共用接地线。如果供电线路是零地共用的话，最好考虑单独敷设地线；如果是多台变频器接地，则各变频器应分别和大地相连，请勿使接地线形成回路，如图 1-19 所示。

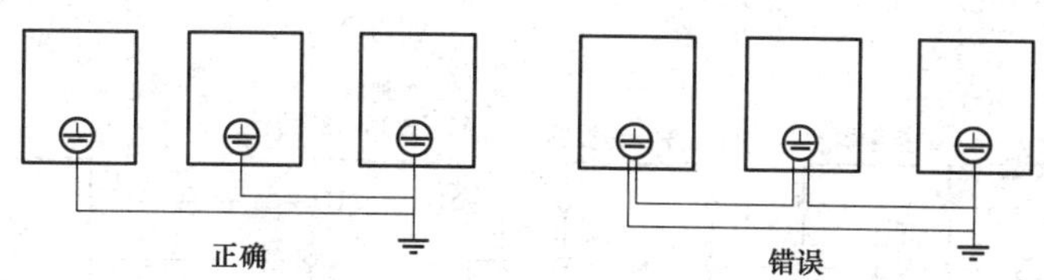

图 1-19　接地合理化配线图

三、变频器与电动机的连接

1. 电源和电动机端子的接线和拆卸

卸下变频器的操作面板，拆除变频器的前端盖板，就会露出变频器的接线端子，其下部的端子就是与电源和电动机连接的端子，如图 1-20 所示。

2. 变频器与电动机的连接

电源和电动机的接线可以按照图 1-21 所示的方法进行连接，供电电源可以是单相交流，也可以是三相。

图 1－20　变频器与电源、电动机连接的端子

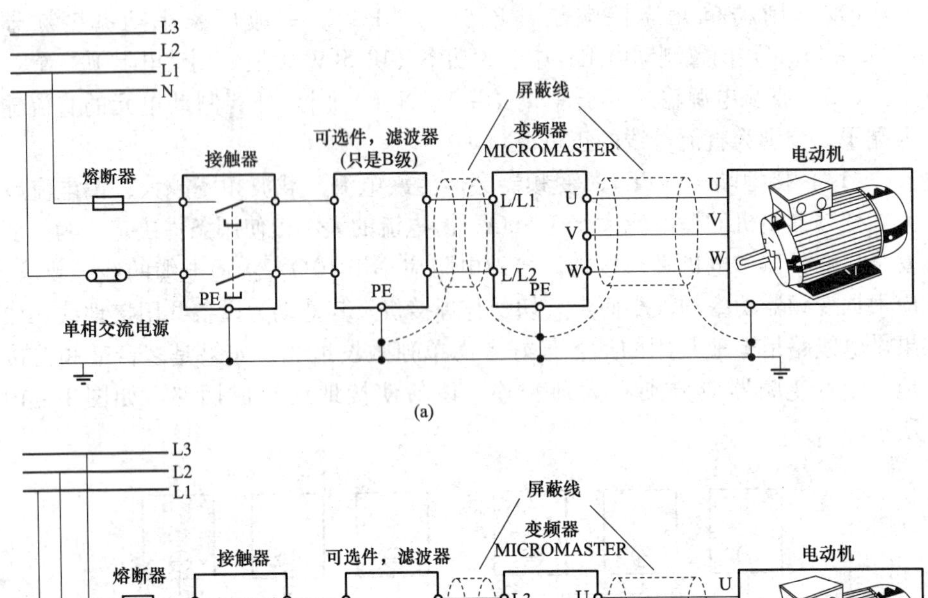

图 1－21　变频器连接电源与电动机的接线图

（a）单相交流电源；（b）三相电源

控制回路的接线注意事项如下。

（1）控制线截面积要求：单股导线不小于 1.5mm^2；多股导线不小于

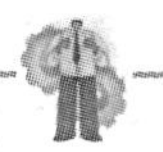

1. 0mm^2；弱电回路不小于 0. 5mm^2；电流回路不小于 2. 5mm^2；保护接地线不小于 2. 5mm^2。

（2）控制线与主回路电缆铺设。变频器控制线与主回路电缆或其他电力电缆分开铺设，且尽量远离主电路 100mm 以上；尽量不与主电路电缆平行铺设，不与主电路交叉，必须交叉时，应采取垂直交叉的方法。

（3）电缆的屏蔽。变频器电缆的屏蔽可利用已接地的金属管或者带屏蔽的电缆。屏蔽层一端变频器控制电路的公共端（COM），但不要接到变频器地端（E），屏蔽层另一端悬空。

（4）开关量控制线。变频器开关量控制线允许不使用屏蔽线，但同一信号的两根线必须互相绞在一起，绞合线的绞合间距应尽可能小。并将屏蔽层接在变频器的接地端 E 上，信号线电缆最长不得超过 50m。

（5）控制回路的接地。弱电压电流回路的电线取一点接地，接地线不作为传送信号的电路使用；电线的接地在变频器侧进行，使用专设的接地端子，不与其他的接地端子共用。

3. 电磁干扰（EMI）的防护

变频器的设计允许它在具有很强电磁干扰的工业环境下运行。通常，如果安装的质量良好，就可以确保安全和无故障的运行。如果在运行中遇到问题，可按下面指出的措施进行处理。

（1）采取的措施。

1）确信机柜内的所有设备都已用短而粗的接地电缆可靠地连接到公共的星形接地点或公共的接地母线。

2）确信与变频器连接的任何控制设备（例如 PLC）也像变频器一样，用短而粗的接地电缆连接到同一个接地网或星形接地点。

3）由电动机返回的接地线，直接连接到控制该电动机的变频器的接地端子（PE）上。

4）接触器的触头最好是扁平的，因为它们在高频时阻抗较低。

5）截断电缆的端头时应尽可能整齐，保证未经屏蔽的线段尽可能短。

6）控制电缆的布线应尽可能远离供电电源线，使用单独的走线槽；在必须与电源线交叉时，相互应采取 90°直角交叉并使用隔离槽。

7）无论何时，与控制回路的连接线都应采用屏蔽电缆。

8）在交流接触器的线圈上安装 R—C 抑制器或在直流接触器的线圈上安装续流二极管，确保箱体内的接触器都是受到阻尼的。也可以使用压敏电阻进行抑制。当通过变频器的继电器控制接触器时，这一点很重要。

9）连接电动机时，使用屏蔽或有防护的连接线，并用电缆夹将屏蔽层的两端接地。

（2）屏蔽的方法。

1）有密封盖。密封盖板组合件是作为可选件供货的。该组合件便于屏蔽层的连接。

2）无密封盖时屏蔽层的接线。如果没有密封盖，变频器可以用图 1－22 所示的方法连接电缆的屏蔽层。

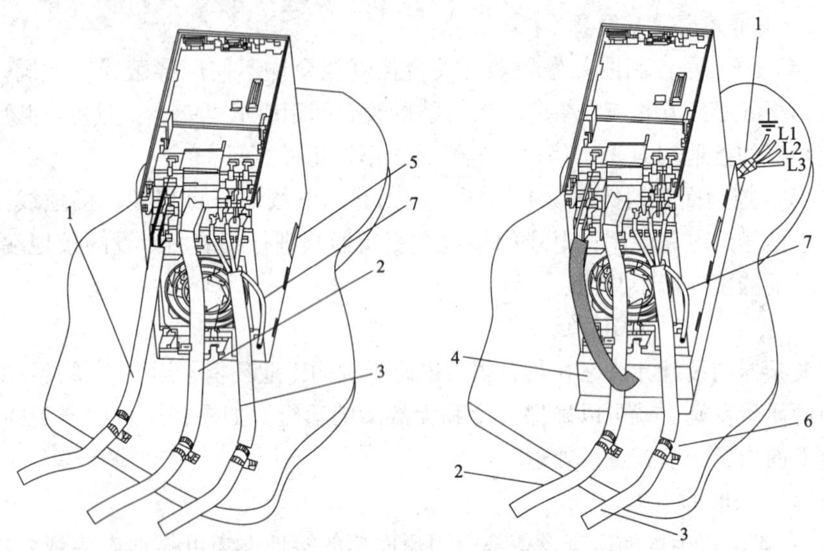

图 1－22　变频器降低电磁干扰影响的布线方法

1—输入电源线；2—控制电缆；3—电动机电缆；4—背板式滤波器；5—金属底板；
6—使用适当的卡子电动机电缆和控制电缆，确保屏蔽层和金属底板可靠连接；7—屏蔽电缆

4. AOP 柜门组件与变频器的安装

有时变频器的工作环境比较复杂，为了给变频器提供一个更加安全、可靠的工作环境，需要将变频器安装在变频器柜中，对变频器进行防护。

将变频器安装在柜中后，为了操作、监控方便，需要将变频器的操作面板安装在变频器柜的柜门上，其安装方法如图 1－23 ~ 图 1－25 所示。

AOP 柜门组件安装注意事项：

（1）通信电缆必须用双绞屏蔽电缆，屏蔽层必须接地。

（2）DC24V 电源极性不能接错。

（3）AOP 柜门组件的 PE 线必须与变频器的 PE 线可靠连接。

（4）AOP 柜门组件连接多台变频器时，需要连接终端电阻。

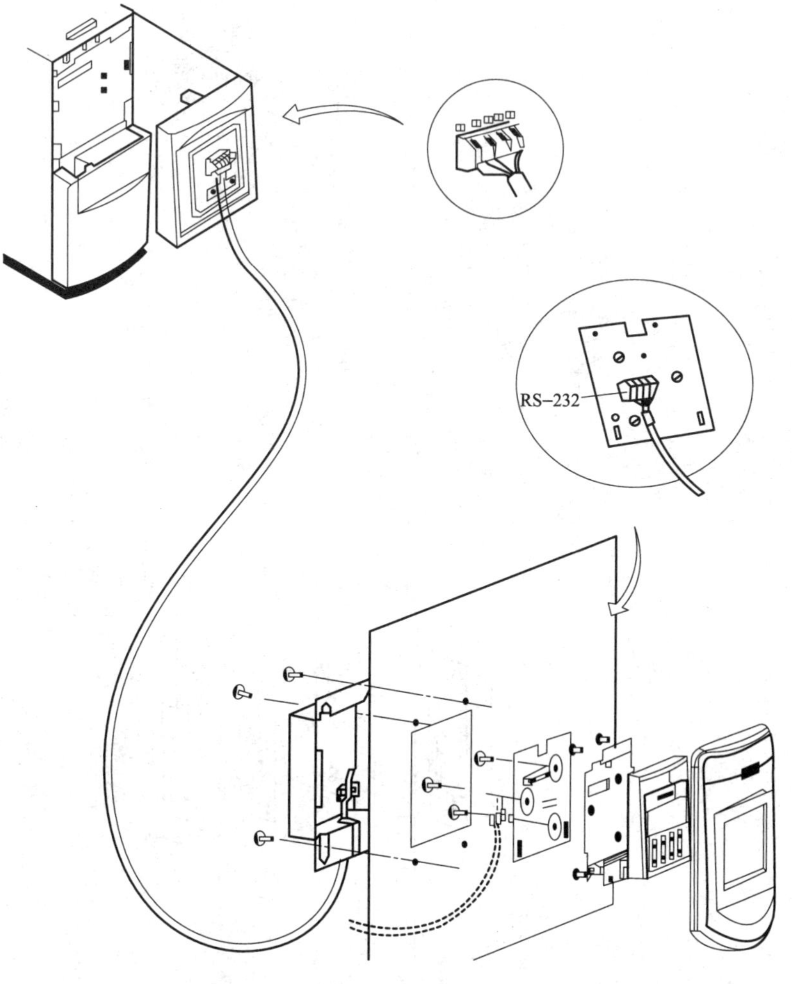

图 1-23　单台变频器在柜门上安装

1.3.4　变频器的防雷

变频器装置的防雷击措施是确保变频器安全运行的另一重要外设措施，特别在雷电活跃地区或活跃季节，这一问题尤为重要。现在的变频器产品，一般都设有雷电吸收网络，主要用来防止瞬间的雷电侵入，使变频器损坏。但是在实际工作中，特别是电源线架空引入的情况下，单靠变频器自带的雷电吸收网络是不能满足要求的，还需要设置变频器专用避雷器。具体措施如下：

（1）可在电源进线处装设变频专用避雷器（可选件）。

（2）或按相关规范的要求，在离变频器 20m 的远处预埋钢管做专用接地保护。

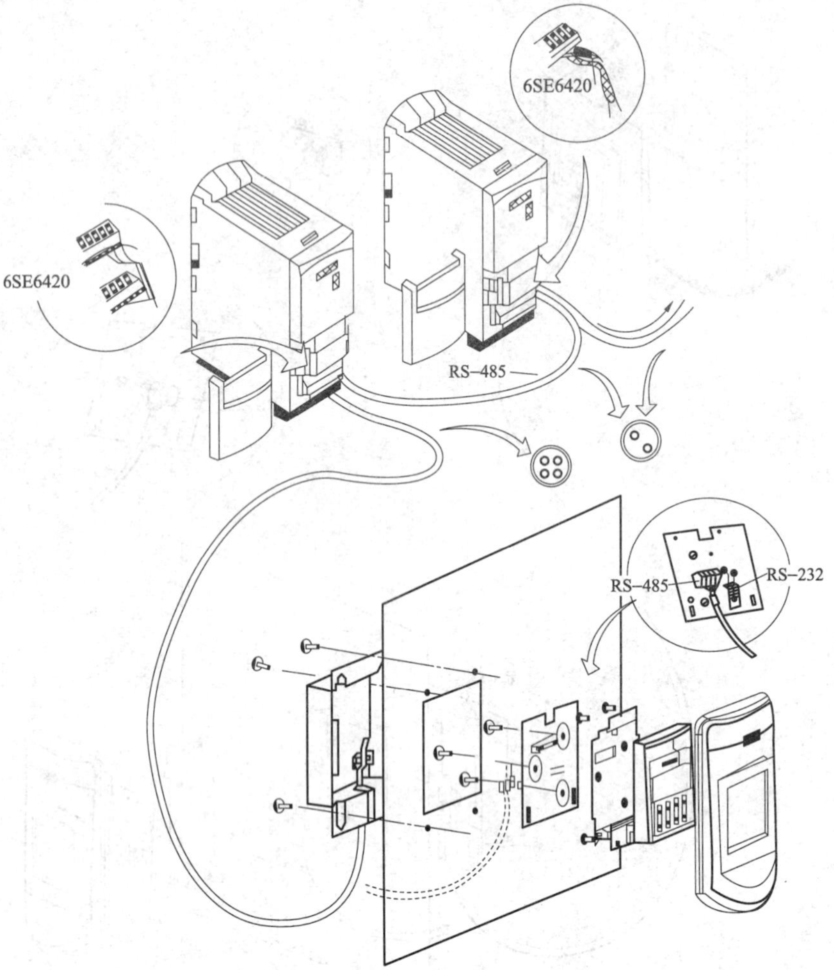

图 1－24　多台变频器柜门上的安装

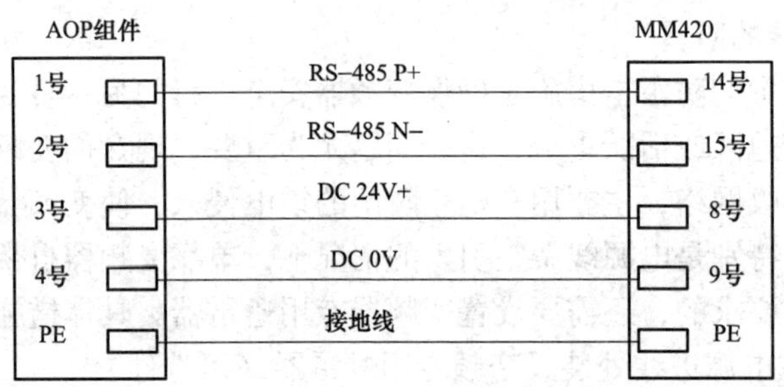

图 1－25　AOP 柜门组件与 MM420 的连接

(3) 如果电源是电缆引入，则应做好控制室的防雷系统，以防雷电窜入破坏设备。实践表明，以上方法基本上能够有效防范雷击。

◎ [实战演练]

1.3.5 训练内容

(1) 参照图 1－15 在导轨上安装、拆卸 MM420 变频器。

(2) 参照图 1－21 连接变频器控制三相异步电动机的电路。

1.3.6 设备、工具和材料

MM420A 型变频器一台、三相异步电动机一台、螺钉旋具（螺丝刀）一把、实训板一块（电控实训柜也可以）、固定导轨一条、交流接触器一个、BV1.5mm^2导线若干。

◎ [自我训练]

1.3.7 训练内容

参照图 1－23 进行变频器 AOP 柜门组件的安装。

1.3.8 设备、工具和材料

MM420A 型变频器一台、AOP 柜门组件一个、螺钉旋具（螺丝刀）一把、连接导线若干。

1.4 MM420 变频器的调试

学习目的

1. 了解 MM420 SDP、BOP、AOP 三种操作面板的作用。

2. 掌握利用 SDP、BOP、AOP 三种面板对 MM420 变频器进行调试的方法。

◎ [基础知识]

1.4.1 调试方法

MM420 变频器在标准供货方式时装有状态显示板（SDP），如图 1－3 所示，对于大多数用户来说，利用 SDP 和生产厂家的缺省设置值，就可以使变频器投入运行。如果工厂的缺省设置值不适合设备情况，可以利用基本操作面板（BOP）或高级操作面板（AOP），如图 1－3 所示，修改参数，使之匹配起来。BOP 和 AOP 是作为可选件供货的。用户可以用 PCIBN 工具“Drive

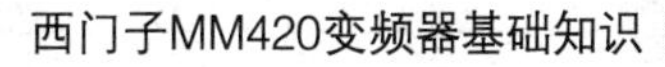

Monitor”或“STARTER”来调整工厂的设置值。相关的软件在随变频器供货的 CD ROM 中就可以找到。

图 1－26　设定频率的 DIP 开关

变频器用来设置电动机频率的 DIP 开关在 I/O 板的下面，如图 1－26 所示。此处共有两个开关，即 DIP1 开关和 DIP2 开关。DIP1 开关并不是供用户使用的，用户不能自己进行操作。DIP2 开关设置在 Off 位置时，默认频率值为 50Hz，功率单位为 kW，用于欧洲地区（我国的工频频率也是 50Hz）；DIP2 开关设置在 On 位置时，默认频率值为 60Hz，功率单位为 hp，用于北美地区。

变频器在调试前需要按照设备所在地区设置频率，即正确选择 DIP2 开关的位置。

1. 用状态显示板 SDP 进行调试的准备

（1）SDP 面板上有两个 LED，用于显示变频器当前的运行状态，见表 1－9。

表 1－9　　MM420 变频器 SDP 面板 LED 指示灯的指示状态

指示灯	状　态	指示灯	状　态
● ●	电源未接通	☼ ◎	变频器过温故障
☼ ☼	运行准备就绪	◎ ◎	电流极限报警 （两个 LED 同时闪光）
● ☼	变频器故障 （以下列出的故障除外）	◎ ◎	其他报警 （两个 LED 交替闪光）
☼ ●	变频器正在运行	◎ ◎	欠电压跳闸/欠电压报警
● ◎	过电流故障	◎ ◎	变频器不在准备状态

续表

指示灯	状　态	指示灯	状　态
	过电压故障		ROM 故障（两个 LED 同时闪光）
	电动机过温故障		RAM 故障（两个 LED 交替闪光）

采用 SDP 时，变频器的预设定值必须与下列电动机数据兼容：

- 电动机额定功率；
- 电动机电压；
- 电动机额定电流；
- 电动机额定频率。

此外，必须满足以下条件：

- 线性 *U/f*，电动机的速度通过一个模拟电位计控制。
- 50Hz 时最大速度 3000r/min（60Hz 时 3600r/min），通过变频器的模拟输入，可以利用电位计对速度进行控制。
- 斜坡上升时间/下降时间 = 10s。

（2）使用变频器上装设的 SDP 可进行以下操作：

- 启动和停止电动机；
- 电动机反转；
- 故障复位。

（3）用状态显示面板（SDP）调试 MM420 时，MM420 的缺省设置参数，必须适用于驱动装置的应用对象，MM420 的缺省设置值见表 1－10。

表 1－10　　利用 SDP 面板操作时 MM420 的缺省设置值

数字输入	端子号	参　数	缺省操作
1	5	P0701 = 1	正常操作（ON）
2	6	P0702 = 12	反向
3	7	P0703 = 9	故障确认
输出继电器	10/11	P0731 = 52. 3	故障识别
模拟输出	12/13	P0771 = 21	输出频率
模拟输入	3/4	P0700 = 0	频率设定值
	1/2		模拟输入电源

- 将 On/Off 开关连接到端子 5 和 8；
- 将反向开关连接到端子 6 和 8（可选的）；
- 将故障复位开关连接到端子 7 和 8（可选的）；
- 将模拟频率显示连接到端子 12 和 13（可选的）；
- 将输出继电器连接到端子 10 和 11（可选的）；
- 将一个速度控制用的 5.0Ω 电位计连接到端子 1 和 4（可选的）。

若按图 1－27 连接 MM420 的接线端子，并在变频器电动机接线端子（U、V、W）上接入电动机，此时变频器就准备就绪了，可以接通电源，对电动机进行控制。比如，按下与端子 5 连接的按钮，电动机正转，按下与端子 6 连接的按钮，电动机反转，调整接在 1、4 两端的电位器，就可以调整电动机的转速。

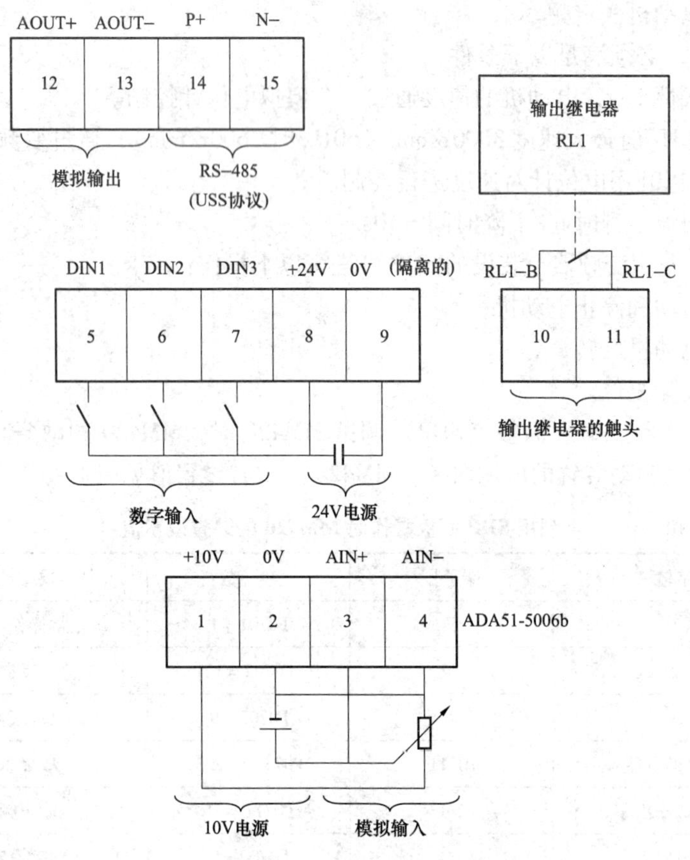

图 1－27　MM420 接线端子的连接方法

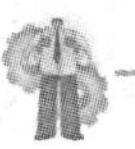

2. 用基本操作板（BOP）调试 MM420 变频器

（1）用户利用基本操作面板（BOP）可以改变变频器的各个参数。为了利用 BOP 设定参数，必须首先拆下 SDP，并装上 BOP（见第一节有关介绍），BOP 面板上的显示屏与按钮的介绍见表 1－11。

表 1－11　　基本操作面板（BOP）的按钮

序号	显示/按钮	功　能	功　能　说　明
1	150.00	状态显示	LCD 显示变频器当前的设定值
2	I	启动变频器	按此键启动变频器。缺省值运行时此键是被封锁的。为了使此键的操作有效，应设定 P0700＝1
3	0	停止变频器	OFF1：按此键，变频器将按选定的斜坡下降速率减速停车。缺省值运行时此键被封锁；为了允许此键操作，应设定 P0700＝1。 OFF2：按此键两次（或一次，但时间较长）电动机将在惯性作用下自由停车。此功能总是“使能”的
4		改变电动机的转动方向	按此键可以改变电动机的转动方向。电动机的反向用负号（－）表示或用闪烁的小数点表示。缺省值运行时此键是被封锁的，为了使此键的操作有效，应设定 P0700＝1
5	jog	电动机点动	在变频器无输出的情况下按此键，将使电动机启动，并按预设定的点动频率运行。释放此键时，变频器停车。如果变频器/电动机正在运行，按此键将不起作用
6	Fn	功能键	此键用于浏览辅助信息。 变频器运行过程中，在显示任何一个参数时按下此键并保持不动 2s，将显示以下参数值（在变频器运行中，从任何一个参数开始）： （1）直流回路电压（用 d 表示，单位：V）。 （2）输出电流（A）。 （3）输出频率（Hz）。 （4）输出电压（用 o 表示，单位：V）。

续表

序号	显示/按钮	功 能	功 能 说 明
6	Fn	功能键	（5）由 P0005 选定的数值［如果 P0005 选择显示上述参数中的任何一个（3，4，或5），这里将不再显示］。 连续多次按下此键，将轮流显示以上参数。 跳转功能： 在显示任何一个参数（r××××或 P××××）时短时间按下此键，将立即跳转到 r0000，如果需要的话，可以接着修改其他的参数。跳转到 r0000 后，按此键将返回原来的显示点
7	P	访问参数	按此键即可访问参数
8	▲	增加数值	按此键即可增加面板上显示的参数数值
9	▼	减少数值	按此键即可减少面板上显示的参数数值

BOP 具有 7 段显示的五位数字，可以显示参数的序号和数值，报警和故障信息以及设定值和实际值。参数的信息不能用 BOP 存储。

在缺省设置时，用 BOP 控制电动机的功能是被禁止的。如果要用 BOP 进行控制，参数 P0700 应设置为 1，参数 P1000 也应设置为 1。

（2）用基本操作面板（BOP）更改参数的数值。表 1－12 说明如何改变参数 P0004 的数值，修改下标参数数值的步骤见表 1－13 列出的 P0719 例图。按照图表中说明的类似方法，可以用 BOP 设定任何一个参数。

表 1－12　　改变 P0004——参数过滤功能

操 作 步 骤	显 示 结 果
按 P 访问参数	r0000
按 ▲ 直到显示出 P0004	P0004

续表

操 作 步 骤	显 示 结 果
按 P 进入参数数值访问级	0
按 ▲ 或 ▼ 达到所需要的数值	3
按 P 确认并存储参数的数值	P0004
使用者只能看到命令参数	

表 1－13　　修改下标参数 P0719——选择命令/设定值源

操 作 步 骤	显 示 结 果
按 P 访问参数	r0000
按 ▲ 直到显示出 P0719	P0719
按 P 进入参数数值访问级	in000
按 P 显示当前的设定值	0
按 ▲ 或 ▼ 选择运行所需要的最大频率	12
按 P 确认和存储 P0719 的设定值	P0719
按 ▼ 直到显示出 r0000	r0000
按 P 返回标准的变频器显示（由用户定义）	

忙碌信息：修改参数时，BOP 有时会显示 P----，这表明变频器此时正在忙于处理优先级更高的任务。

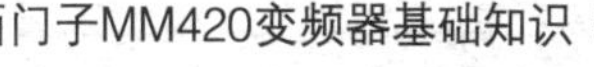

（3）改变一个参数的数值。为了快速修改参数的数值，可以一个个地单独修改显示出的每个数字，操作步骤如下：

1）按 Fn （功能键），最右边的一个数字闪烁。

2）按 ▲ 或 ▼ 修改这位数字的数值。

3）再按 Fn （功能键），相邻的下一位数字闪烁。

4）重复前面的操作，直到显示出所要求的数值。

5）按 P，退出参数数值的访问级。

确信已处于某一参数数值的访问级（参看“用 BOP 修改参数”）。

3. 用高级操作面板 AOP 调试 MM420 变频器

高级操作面板（AOP）是可选件，其具有基本操作员面板的所有功能，同时包括以下功能：

- 扩展屏幕显示语言简便，清晰的多种语言文本显示。
- 可通过 RS－232 接口进行通信，通过 PC 编程。
- 具有连接多个站点的能力，最多可以连接 30 台变频器。
- 具有诊断菜单和故障查找帮助。
- 当前参数、故障等的说明。
- 显示速度、频率、电动机方向和电流值等。
- 多组参数的上传和下载功能。
- 能够存储和下载多达 10 组参数。

1.4.2 利用 BOP/AOP 面板快速调试

在进行快速调试前，必须完成变频器的机械和电气安装。P0010 的参数过滤功能和 P0003 选择用户访问级别的功能在调试时是十分重要的。MM420 变频器有三个用户访问级别，即标准级、扩展级和专家级，进行快速调试时访问级别较低的用户能够看到的参数较少。

必须完全按照以下参数设置，以确保高效和优化变频器的操作。请注意 P0010 必须设置为“1——快速调试”，才能允许此步骤的执行。

1. 调试步骤

（1）P0010 启动快速调试：

0——准备就绪；

1——快速调试；

30——出厂设置。

请注意在操作电动机之前，P0010 必须已经设置回“0”。但是如果在调试

之后设置了 P3900 =1，将自动进行这一设置。

（2）P0100 欧洲/北美操作：

0——功率单位为 kW，频率默认为 50Hz；

1——功率单位为 hp（马力），频率默认为 60Hz；

2——功率单位为 kW，频率默认为 60Hz。

注意：设置 0 和 1 时应当用 DIP 开关进行改变以允许永久设置。

（3）P0304 额定电动机电压 10 ~2000V：从额定标牌上查找电动机额定电压（V）。

（4）P0305 额定电动机电流：

0 ~2 倍变频器额定电流（A）；

从额定标牌上查找电动机额定电流（A）。

（5）P0307 额定电动机功率：

0 ~2000kW；

从额定标牌上查找电动机额定功率（kW）；

如果 P0100 =1，功率单位是 hp（马力）。

（6）P0310 额定电动机频率：

12 ~650Hz；

从额定标牌上查找电动机额定频率（Hz）。

（7）P0311 额定电动机速度：

0 ~40 000r/min；

从额定标牌上查找电动机额定速度（r/min）。

（8）P0700 命令来源选择：

（开/关/反向）；

0——出厂设置；

1——基本操作面板；

2——接线端子。

（9）P1000 频率设置值选择：

0——无频率设置值；

1——BOP 频率控制；

2——模拟设置值；

3——固定频率设置值。

（10）P1080 最小电动机频率：设置电动机运行时的最小电动机频率（0 ~650Hz）无论频率的设定值是多少，此处设置的值在顺时针和逆时针转动时都有效。

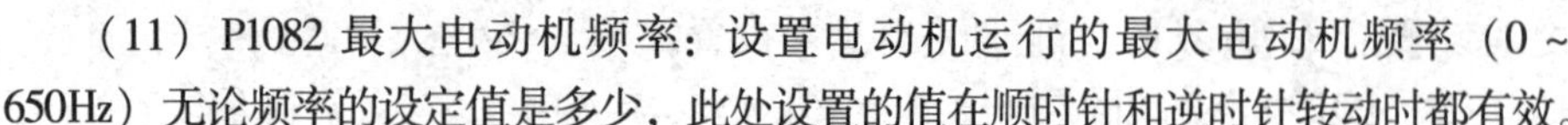

（11）P1082 最大电动机频率：设置电动机运行的最大电动机频率（0～650Hz）无论频率的设定值是多少，此处设置的值在顺时针和逆时针转动时都有效。

（12）P1120 斜坡上升时：

0～650s；

电动机从静止加速到最大电动机频率所需要的时间。

（13）P1121 斜坡下降时间：

0～650s；

电动机从最大电动机频率减速到静止所需要的时间。

（14）P3900 结束快速调试：

0——电动机计算或出厂设置无复位，结束快速调试；

1——电动机计算或出厂设置有复位，结束快速调试（推荐）；

2——参数和 I/O 设置无复位，结束快速调试；

3——I/O 设置有复位，结束快速调试。

2. 利用 P0010 和 P0970 复位

复位变频器时，P0010 必须设置成 30（出厂设置），然后才可能将 P0970 设置为“1”。大约经过 3min 变频器将把所有参数自动复位成缺省设置。如果在参数设置时遇到问题并希望重新开始时，这将很有用。

MM420 的参数表参见附录。

1.4.3 常规操作

变频器没有主电源开关，因此，当电源电压接通时变频器就已带电。在按下运行（RUN）键，或者在数字输入端 5 出现“ON”信号（正向旋转）之前，变频器的输出一直被封锁，处于等待状态。

如果装有 BOP 或 AOP 并且已选定要显示输出频率（P0005 = 21），那么，在变频器减速停车时，相应的设定值大约每秒钟显示一次。

变频器出厂时已按相同额定功率的西门子四极标准电动机的常规应用对象进行编程。如果用户采用的是其他型号的电动机，就必须输入电动机铭牌上的规格数据。

除非 P0010 = 1，否则是不能修改电动机参数的。

为了使电动机开始运行，必须将 P0010 返回“0”值。

操作的前提条件：

P0010 = 0（为了正确地进行运行命令的初始化）。

P0700 = 1（使能 BOP 操作板上的启动/停止按钮）。

P1000 = 1（电动电位计的设定值）。

按下绿色按钮 ⓘ，启动电动机。

按下 按钮，电动机转动，其速度逐渐增加到50Hz。

当变频器的输出频率达到50Hz时，按下按钮 ，电动机的速度及其显示值逐渐下降。

用 按钮，可以改变电动机的转动方向。

按下红色按钮 ，电动机停车。

◎［实战演练］

1.4.4 训练内容

（1）用状态显示板SDP进行调试。

（2）用基本操作板（BOP）调试MM420变频器。

（3）利用BOP/AOP面板快速调试。

1.4.5 设备、工具和材料准备

MM420变频器一台、可变电阻一个、三相开关一个、控制按钮三个、电动机一台、导线若干、钢丝钳一个、剥线钳一个、螺丝刀一把。

1.4.6 操作步骤

根据图1－28连接变频器与电动机。

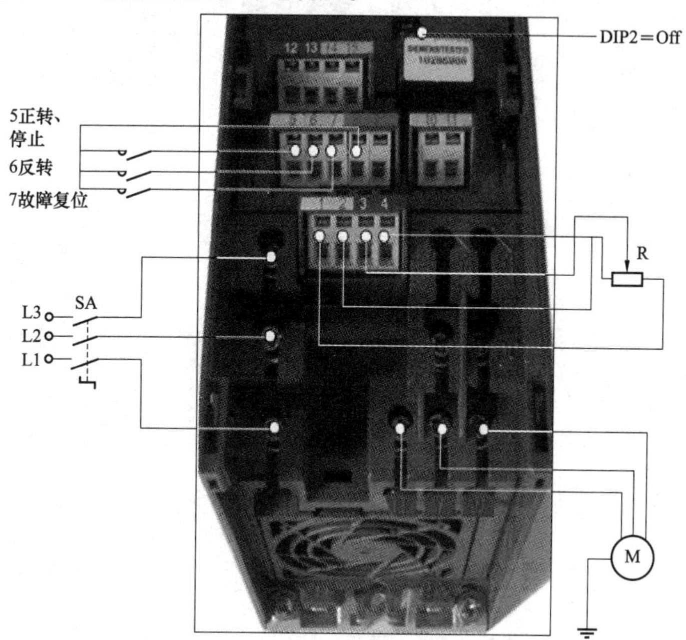

图1－28 变频器控制电动机的连接方法

(1) 按照基础知识部分的介绍用状态显示板 SDP 对变频器进行调试。

(2) 按照基础知识部分的介绍用基本操作面板 BOP 调试 MM420 变频器。

(3) 按照基础知识部分的介绍利用 BOP/AOP 面板对变频器进行快速调试。

◎［自我训练］

1.4.7 训练内容

利用 BOP/AOP 面板对变频器进行快速调试。

1.4.8 设备、工具和材料准备

MM420 变频器 1 台、可变电阻 1 个、三相开关 1 个、控制按扭 3 个、电动机 1 台、导线若干、钢丝钳 1 个、剥线钳 1 个、螺钉旋具（螺丝刀）1 把。

1.4.9 操作步骤

(1) 根据图 1－28 连接变频器与电动机。

(2) 按照基础知识部分的介绍利用 BOP/AOP 面板对变频器进行快速调试。

第2章　变频器基本控制线路

1. 掌握变频器的基本应用技能知识。
2. 掌握变频器的参数设置及连线的基本操作技能。

2.1 点动运行控制线路

学习目的

1. 熟悉变频器的基本使用控制要求。
2. 掌握变频器点动控制的连接和有关参数设置。
3. 掌握面板操作和外端子操作的点动运行。

◎［基础知识］

变频器在实际应用中经常用对到各类机械的定位点动控制。例如：机械设备的试车或刀锯的调整等，都需要电动机的点动控制，所以掌握变频器的点动控制运行方法是非常实用且必要的。

2.1.1 MM420型变频器点动运行控制线路的连接

1. 主电路的连接

（1）输入端子L、N接单相电源。

（2）输出端子U、V、W接电动机。

2. 外端子控制回路的连接

外端子控制回路的连接如图2－1所示，布置如图2－2所示。

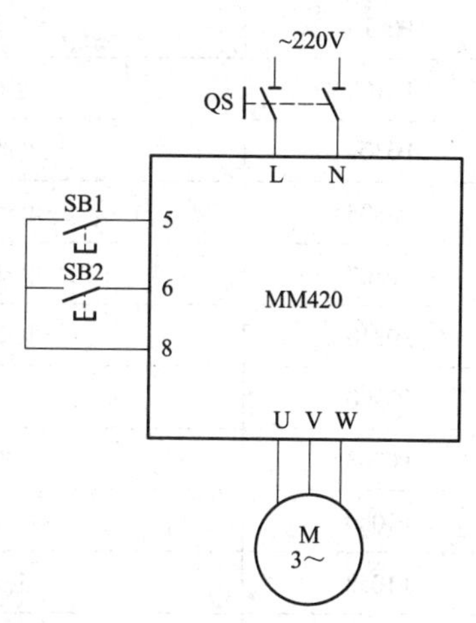

图2－1　点动运行控制外部连接图

2.1.2 相关功能参数的含义详解及设定操作技能

1. 参数设定

按表2－1设定相关参数。

图 2－2 布置图

表 2－1 点动控制参数设定

参数代码	功 能	设 定 数 据
P0010	工厂设置	30
P0970	参数复位	1
P0010	快速调试	1
P0100	功率以 kW 表示	0
P0304	电动机额定电压	230V
P0305	电动机额定电流	1A
P0307	电动机额定功率	1.1kW
P0310	电动机额定频率	50Hz
P3900	结束快速调试	1
P0003	扩展访问级	2
P1000	频率设定选择 BOP	1
P1058	正向点动频率	50Hz
P1059	反向点动频率	40Hz

续表

参数代码	功　能	设　定　数　据
P1060	点动斜坡上升时间	10s
P1061	点动斜坡下降时间	10s
P0700	选择命令源	2
P0701	正向点动	10
P0702	反向点动	11
P1300	控制方式	0

2. 参数含义详解及设定操作

（1）P0010　快速调试。变频器运行前此参数必须为零，若设置为1，则进行快速调试，主要是改变电动机参数，要设置P0304、P0305、P0307、P0310，必须将P0010设为1，这些与电动机相关的参数只能在快速调试模式下修改，因此这些参数的设置也因使用的电动机而不同。

（2）P0070　选择命令源。此参数为选择数字的命令信号源，选择1时也可以由BOP上的 jog 键完成点动控制。

（3）P0701　数字输入1的功能。MM420变频器共有四个数字输入端，此任务中选择5号端子来完成点动正转控制要求，所以需要将设定值选择为10，即点动正转功能。

（4）P0702　数字输入2的功能。设定值选择为11，定义数字输入2的功能为点动反转。

（5）P1300　控制方式。控制电动机的速度和变频器的输出电压之间的相对关系，设定值为0时对应的控制方式为线性特性的 U/f 控制。

◎［实战演练］

2.1.3　训练内容

一台三相异步电动机功率为1.1kW，额定电流为2.52A，额定电压为380V。现需用基本控制面板（BOP）和外部端子进行点动控制，通过参数设置来改变变频器的点动正反转输出频率和加减速时间，从而进行调速和定位控制。

2.1.4　设备、工具和材料准备

（1）工具。电工工具1套。

（2）仪表。MF—500B型万用表、数字万用表DT9202、5050型绝缘电阻

表、频率计、测速表各一。

（3）器材。MM420 型变频器、电动机 1.1kW、三联按钮、开关、三相空气开关各一。

2.1.5 操作步骤

1. 基本控制面板（BOP）控制点动运行模式

（1）将电源与变频器及电动机连接好（如图 2－1 所示）。

（2）经检查无误后，方可通电。

（3）按下操作面板 键，进入参数设置画面。访问参数 P1000，将设定值选为 1；访问参数 P0700，将设定值选择为 1。按 键确认，再访问参数 P1058，设置点动频率为 50Hz。再将点动上升/下降时间设定为 10s。

（4）参数设置完毕 按键切换为运行监视模式状态。

（5）按下面板 键，电动机将按照正向点动设定频率 50Hz 逐渐加速运行，实现点动运行状态。松开 键，电动机将逐渐减速停止运行。

2. 外部端子信号控制功能点动运行模式

（1）首先将变频器停电，并打开变频器上盖板，按图 2－1 接好外部按钮、开关连线。

（2）合上盖板并接通电源。

（3）按下操作面板 键，进入参数设置菜单画面，观察监视器并按表 2－1 所给参数进行设置。

（4）参数设定完毕即可进行外端子控制运行的点动操作模式。

（5）按下 SB1（接通 5 与 8），即可进行点动正转运行。

（6）松开 SB1（断开 5 与 8），电动机将逐渐减速停止运行。

（7）按下 SB2（接通 6 与 8），即可进行点动反转运行。

（8）松开 SB2（断开 6 与 8），电动机将逐渐减速停止运行。

（9）观察 LED 监视器所显示值应为点动 50Hz，加减速时间有 P1060，P1061 的设定值决定。

（10）改变点动频率运行的操作步骤和方法只需将参数设定 P1058 改为其他参数即可，其他同上。

3. 注意事项

（1）接线完毕后一定要重复认真检查以防错误烧坏变频器，特别是主电源电路。

（2）在接线时变频器内部端子用力不得过猛，以防损坏。

（3）在送电和停电过程中要注意安全，特别是在停电过程中必须待面板LED显示全部熄灭情况下方可打开盖板。

（4）在变频器进行参数设定操作时应认真观察LED显示内容，以免发生错误，争取一次试验成功。

（5）在进行外端子点动运行操作时应注意以下两点：

1）使用点动运行时，必须在变频器停止时。

2）在运行过程中要认真观测电动机和变频器的工作状态。

◎［自我训练］

2.1.6 点动操作训练

机械设备的调整经常用到点动操作，点动运行的频率和点动运行时间可由现场情况决定。读者也可按照下面所给曲线进行自我训练和评定测试。运行要求如下：

（1）点动正转频率35Hz，点动斜坡上升时间15s，点动斜坡下降时间8s。

（2）点动反转频率45Hz，点动斜坡上升时间6s，点动斜坡下降时间20s。

2.2 正转连续控制线路

学习目的

1. 熟悉变频器的基本使用控制要求。
2. 掌握变频器正转连续控制的连接和有关参数设置。
3. 掌握面板操作和外端子操作的正转连续运行。

◎［基础知识］

变频器在实际应用中经常用到各类机械的正转连续控制，正转连续控制线路只能控制电动机的单向起动和停止，并带动生产机械的运动部件朝一个方向旋转或运动。例如：在工厂中控制三相电风扇和砂轮机等设备，都需要电动机的正转连续控制，所以掌握变频器的正转连续控制运行方法是非常实用且必要的。

2.2.1 MM420型变频器正转连续控制线路的连接

1. 主电路的连接

（1）输入端子L、N接单相电源。

(2) 输出端子 U、V、W 接电动机。

2. 外端子控制回路的连接

外端子控制回路的连接如图 2－3 所示，布置如图 2－4 所示。

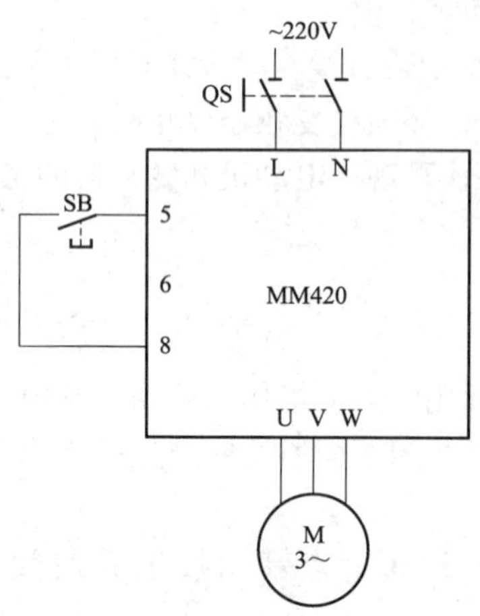

图 2－3　正转连续控制外部连接图

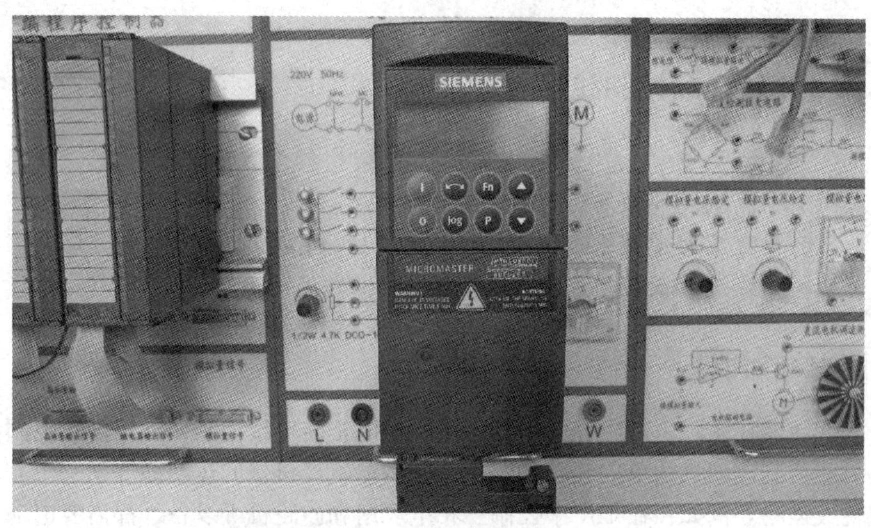

图 2－4　布置图

2.2.2　相关功能参数的含义详解及设定操作技能

1. 参数设定

按表 2－2 设定相关参数。

表 2－2　　正转连续控制参数设定

参数代码	功　能	设　定　数　据
P0010	工厂设置	30
P0970	参数复位	1
P0010	快速调试	1
P0100	功率以 kW 表示	0
P0304	电动机额定电压	230V
P0305	电动机额定电流	1A
P0307	电动机额定功率	1.1kW
P0310	电动机额定频率	50Hz
P3900	结束快速调试	1
P0003	扩展访问级	2
P1000	频率设定选择 BOP	1
P1040	输出频率	50Hz
P1120	斜坡上升时间	10s
P1121	斜坡下降时间	10s
P0700	选择命令源	2
P0701	正转/停车命令	1
P1300	控制方式	0

2. 参数含义详解及设定操作

（1）P1040　BOP 的设定值。由 BOP 设定变频器的输出频率。

设定范围：－650～650Hz。

缺省值：5Hz。

（2）P1120/P1121　斜坡上升/下降时间。此参数是指电动机从静止状态加速到最高频率或从最高频率减速到静止停车所用的时间，如图 2－5 所示。

设定范围：0～650s。

需要注意的是，若斜坡上升/下降时间设定的太短，则有可能导致变频器跳闸。

（3）P0701　数字输入 1 的功能。MM420 变频器共有四个数字输入端，此任务中选择 5 号端子来完成正转连续控制，所以根据控制要求，需要将设定值选择为 1，即设定数字输入端 1 的功能为接通正转/停车命令。

可能的设定值：

0——禁止数字输入；

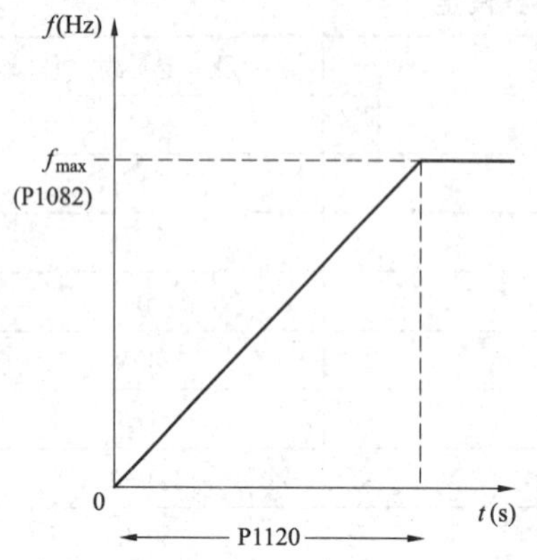

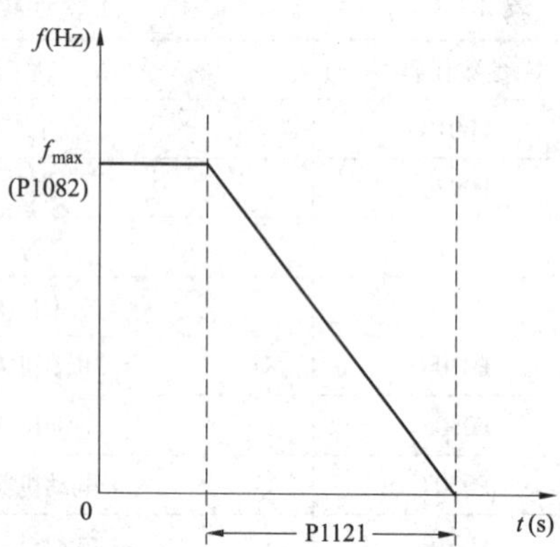

图 2-5　P1120、1121 参数含义图

1——ON/OFF1（接通正转/停车命令 1）;

2——ON reverse/OFF1（接通反转/停车命令 1）;

3——OFF2（停车命令 2），按惯性自由停车;

4——OFF3（停车命令 3），按斜坡函数曲线快速降速停车;

9——故障确认;

10——正向点动;

11——反向点动;

12——反转;

13——MOP（电动电位计）升速（增加频率）;

14——MOP 降速（减少频率）;

15——固定频率设定值（直接选择）;

16——固定频率设定值，直接选择 + ON 命令;

17——固定频率设定值，二进制编码的十进制数（BCD 码）选择 + ON 命令;

21——机旁/远程控制;

25——直流注入制动;

29——由外部信号触发跳闸;

33——禁止附加频率设定值;

99——使能 BICO 参数化。

（4）P0003　用户访问级。本参数用于定义用户访问参数组的等级。对于大多数简单的应用对象，采用缺省设定值就可以满足了。但本任务中需将设定值设为 2，以便访问变频器的 I/O 功能。

（5）P1300　控制方式。控制电动机的速度和变频器的输出电压之间的相对关系，设定值为 0 时对应的控制方式为线性特性的 *U/f* 控制，如图 2 – 6 所示。

可能的设定值：

0——线性特性的 *U/f* 控制。

1——带磁通电流控制（FCC）的 *U/f* 控制。

2——带抛物线特性（平方特性）的 *U/f* 控制。

3——特性曲线可编程的 *U/f* 控制。

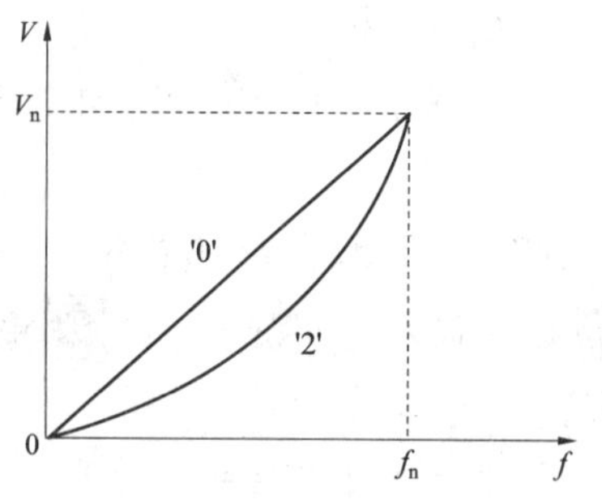

图 2 – 6　P1300 参数含义图

◎［实战演练］

2.2.3　训练内容

一台三相异步电动机功率 1.1kW，额定电流 2.52A，额定电压 380V。现需用基本控制面板（BOP）和外部端子进行正转连续控制，通过参数设置来进行变频器的正转连续运行操作，要求输出频率 50Hz，加减速时间 10s。

2.2.4　设备、工具和材料准备

（1）工具。电工工具 1 套。

（2）仪表。MF—500B 型万用表、数字万用表 DT9202、5050 型绝缘电阻表、频率计、测速表各一。

（3）器材。MM420 系列变频器、电动机 1.1kW、三联按钮、开关、三相空气开关各一。

2.2.5　操作步骤

1. 基本控制面板（BOP）控制点动运行模式

（1）将电源与变频器及电动机连接好（如图 2 – 1 所示）。

（2）经检查无误后，方可通电。

（3）按下操作面板 P 键，进入参数设置画面。访问 P0010，将设定值选为 0；访问参数 P1000，将设定值选为 1；访问参数 P0700，将设定值选择为 1。按 P 键确认，再访问参数 P1040，设置输出频率为 50Hz。将斜坡上升/下降时间 P1120、P1121 设定为 10s。

（4）参数设置完毕 Fn 按键切换为运行监视模式状态。

（5）按下面板 I 键，电动机将按照设定频率 50Hz 逐渐加速运行，实现

正转连续运行状态。

(6) 按下面板 ⓪ 键，电动机将按照设定的斜坡减速时间逐渐减速直至停车。

(7) 如需改变当前频率，也可以在不停车的状态下完成，方法是首先按 Fn 键，显示 r0000 ，按 P 键，再按 ▲ / ▼ 键，调至所需频率大小即可。

2. 外部端子信号控制功能点动运行模式

(1) 首先将变频器停电，并打开变频器上盖板，按图 2－3 接好外部按钮、开关连线。

(2) 合上盖板并接通电源。

(3) 按下操作面板 P 键，进入参数设置菜单画面，观察监视器并按表 2－2 所给参数进行设置。

(4) 参数设定完毕即可进行外端子控制运行的点动操作模式。

(5) 按下 SB（接通 5 与 8），即可进行正转连续运行。

(6) 松开 SB（断开 5 与 8），电动机将逐渐减速停止运行。

(7) 观察 LED 监视器所显示值应为运行频率 50Hz，加减速时间有 P1120、P1121 的设定值决定。

(8) 改变输出频率运行的操作步骤和方法只需将参数设定 P1040 改为其他参数即可，其他同上。

3. 注意事项

(1) 接线完毕后一定要重复认真检查以防错误烧坏变频器，特别是主电源电路。

(2) 在接线时变频器内部端子用力不得过猛，以防损坏。

(3) 在送电和停电过程中要注意安全，特别是在停电过程中必须待面板 LED 显示全部熄灭情况下方可打开盖板。

(4) 在变频器进行参数设定操作时应认真观察 LED 显示内容，以免发生错误，争取一次试验成功。

◎ [自我训练]

2.2.6 正转连续控制操作训练

在工厂中控制三相电风扇和砂轮机等设备，都需要电动机的正转连续控制，正转运行的频率和斜坡上升/下降时间可由现场情况决定。读者也可按照下面所给的控制要求进行自我训练和评定测试。运行要求如下：

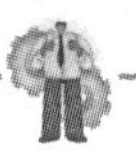

（1）正转频率 15Hz，斜坡上升时间 20s，斜坡下降时间 8s。

（2）正转频率 35Hz，斜坡上升时间 6s，斜坡下降时间 20s。

2.3 正反转控制线路

学习目的

1. 熟悉变频器的基本使用控制要求。
2. 掌握变频器正反转控制的连接和有关参数设置。
3. 掌握面板操作和外端子操作的正、反转运行。

◎［基础知识］

变频器在实际使用中经常用于控制各类机械正、反转。例如：前进后退、上升下降、进刀回刀等，都需要电动机的正反转运行，所以无论用 BOP 模式操作（即面板操作），还是用外端子信号操作变频器的正反转运行，都是学习变频器使用的基本所在。

2.3.1 MM420 型变频器正反转控制线路的连接

1. 主电路的连接

（1）输入端子 L、N 接单相电源。

（2）输出端子 U、V、W 接电动机。

2. 外端子控制回路的连接

外端子控制回路的连接如图 2－7 所示，布置如图 2－8 所示。

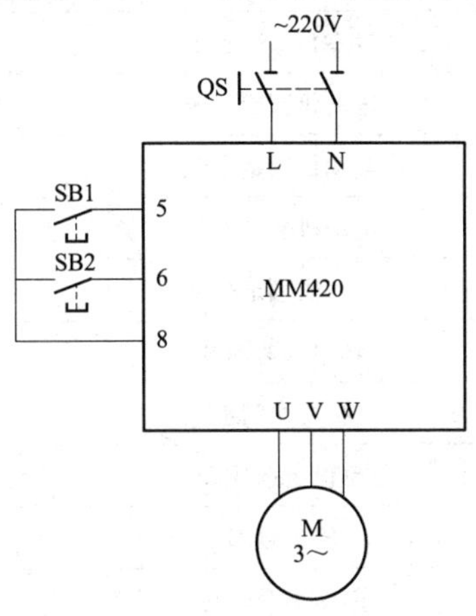

图 2－7 正反转控制外部连接图

图 2-8　布置图

2.3.2　相关功能参数的含义详解及设定操作技能

1. 参数设定

按表 2-3 设定相关参数。

表 2-3　正反转控制参数设定

参数代码	功　能	设 定 数 据
P0010	工厂设置	30
P0970	参数复位	1
P0010	快速调试	1
P0100	功率以 kW 表示	0
P0304	电动机额定电压	230V
P0305	电动机额定电流	1A
P0307	电动机额定功率	1.1kW
P0310	电动机额定频率	50Hz
P3900	结束快速调试	1
P0003	扩展访问级	2
P1000	频率设定选择 BOP	1
P1040	输出频率	50Hz
P1120	斜坡上升时间	10s
P1121	斜坡下降时间	10s

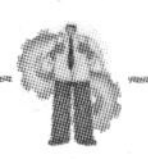

续表

参数代码	功　能	设 定 数 据
P0700	选择命令源	2
P0701	正转/停车命令	1
P0702	反转命令	12
P1300	控制方式	0

2. 参数含义详解及设定操作

（1）P0010　调试参数过滤器。对与调试相关的参数进行过滤，只筛选出那些与特定功能组有关的参数。

设定范围：

0——准备；

1——快速调试；

2——变频器；

29——下载；

30——工厂的缺省设定值。

缺省值为0，在变频器投入运行之前应将本参数复位为0。

在P0010设定为1时，变频器的调试可以非常快速和方便地完成。这时，只有一些重要的参数（例如P0304、P0305等）是可以看得见的。这些参数的数值必须一个一个地输入变频器。当P3900设定为1－3时，快速调试结束后，立即开始变频器参数的内部计算。然后自动把参数P0010复位为0。

P0010＝2只用于维修。

P0010＝29为了利用PC工具（例如DriveMonitor，STARTER）传送参数文件，首先应借助于PC工具将参数P0010设定为29。并在下载完成以后，利用PC工具将参数P0010复位为0。

在复位变频器的参数时，参数P0010必须设定为30。从设定P0970＝1起，便开始参数的复位。变频器将自动地把它的所有参数都复位为它们各自的缺省设置值。如果在参数调试过程中遇到问题，并且希望重新开始调试，这种复位操作方法是非常有用的。复位为工厂缺省设置值的时间大约要60s。

（2）P0970　工厂复位。此参数是指P0970＝1时所有的参数都复位到它们的缺省值。

设定范围：

0——禁止复位；

1——参数复位。

需要注意的是，工厂复位前，首先要设定 P0010 = 30（工厂设定值），在把参数复位为缺省值之前，必须先使变频器停车（即封锁全部脉冲）。

（3）P0702　数字输入 2 的功能。MM420 变频器共有 4 个数字输入端，此任务中选择 6 号端子来完成反转控制，所以根据控制要求，需要将设定值选择为 12，即设定数字输入端 2 的功能为接通反转命令。

可能的设定值：

0——禁止数字输入；

1——ON/OFF1（接通正转/停车命令 1）；

2——ON reverse/OFF1（接通反转/停车命令 1）；

3——OFF2（停车命令 2），按惯性自由停车；

4——OFF3（停车命令 3），按斜坡函数曲线快速降速停车；

9——故障确认；

10——正向点动；

11——反向点动；

12——反转；

13——MOP（电动电位计）升速（增加频率）；

14——MOP 降速（减少频率）；

15——固定频率设定值（直接选择）；

16——固定频率设定值，直接选择 + ON 命令；

17——固定频率设定值，二进制编码的十进制数（BCD 码）选择 + ON 命令；

21——机旁/远程控制；

25——直流注入制动；

29——由外部信号触发跳闸；

33——禁止附加频率设定值；

99——使能 BICO 参数化。

（4）P3900　快速调试结束。完成优化电动机的运行所需的计算。在完成计算以后，P3900 和 P0010（调试参数组）自动复位为它们的初始值 0。

可能的设定值：

0——不用快速调试；

1——结束快速调试，并按工厂设置使参数复位；

2——结束快速调试；

3——结束快速调试，只进行电动机数据的计算。

本参数的设定值选择为 1 时，只有通过调试菜单中“快速调试”完成计算的参数设定值才被保留；所有其他参数，包括 I/O 设定值，都将丢失。进行电动机参数的计算。

本参数的设定值选择为 2 时，只计算与调试菜单中“快速调试”（P0010 = 1）有关的那样一些参数。I/O 设定值复位为它的缺省值，并进行电动机参数的计算。

本参数的设定值选择为 3 时，只完成电动机和控制器参数的计算。采用这一设定值，退出快速调试时节省时间（例如，如果只有电动机铭牌数据要修改时）。

◎［实战演练］

2.3.3 训练内容

一台三相异步电动机的功率为 1.1kW，额定电流为 2.52A，额定电压为 380V。现需用基本控制面板（BOP）和外部端子进行正转连续控制，通过参数设置来进行变频器的正反转运行操作，要求输出频率 50Hz，加减速时间 10s。

2.3.4 设备、工具和材料准备

（1）工具。电工工具 1 套。

（2）仪表。MF—500B 型万用表、数字万用表 DT9202、5050 型绝缘电阻表、频率计、测速表各一。

（3）器材。MICROMASTER420 系列变频器、电动机 1.1kW、三联按钮、开关、三相空气开关各一。

2.3.5 操作步骤

1. 基本控制面板（BOP）控制点动运行模式

（1）将电源与变频器及电动机连接好（如图 2－1 所示）。

（2）经检查无误后，方可通电。

（3）按下操作面板 P 键，进入参数设置画面。访问 P0010，将设定值选为 0；访问参数 P1000，将设定值选为 1；访问参数 P0700，将设定值选择为 1。按 P 键确认，再访问参数 P1040，设置输出频率为 50Hz。将斜坡上升/下降时间 P1120、P1121 设定为 10s。

（4）参数设置完毕 Fn 按键切换为运行监视模式状态。

（5）按下面板 I 键，电动机将按照设定频率 50Hz 逐渐加速运行，实现正转运行状态。

（6）按下面板 [反向] 键，电动机将反向运行。

（7）按下面板 [0] 键，电动机将按照设定的斜坡减速时间逐渐减速直至停车。

（8）如需改变当前频率，也可以在不停车的状态下完成，方法是首先按 [Fn] 键，显示 r0000，按 [P] 键，再按 [▲] / [▼] 键，调至所需频率大小即可。

2. 外部端子信号控制功能点动运行模式

（1）首先将变频器停电，并打开变频器上盖板，按图 2－3 所示接好外部按钮、开关连线。

（2）合上盖板并接通电源。

（3）按下操作面板 [P] 键，进入参数设置菜单画面，观察监视器并按表 2－2 所给参数进行设置。

（4）参数设定完毕即可进行外端子控制运行的点动操作模式。

（5）按下 SB1（接通 5 与 8），即可进行正转连续运行。

（6）按下 SB2（接通 6 与 8），电动机将反转运行。

（7）观察 LED 监视器所显示值，运行中还可按 [Fn] 键，监视电流和电压以对照变频器，电动机运行性能指标

（8）松开 SB（断开 5 与 8），电动机将逐渐减速停止运行。

（9）观察 LED 监视器所显示值应为运行频率 50Hz，加减速时间有 P1120、P1121 的设定值决定。

（10）改变输出频率运行的操作步骤和方法只需将参数设定 P1040 改为其他参数即可，其他同上。

3. 注意事项

（1）接线完毕后一定要重复认真检查以防错误烧坏变频器，特别是主电源电路。

（2）在接线时变频器内部端子用力不得过猛，以防损坏。

（3）在送电和停电过程中要注意安全，特别是在停电过程中必须待面板 LED 显示全部熄灭情况下方可打开盖板。

（4）在变频器进行参数设定操作时应认真观察 LED 显示内容，以免发生错误，争取一次试验成功。

（5）由于变频器可直接切换其正、反转，必须注意使用时的安全。在变频器由正转切换为反转状态时加减速时间可根据电机容量和工作环境条件不同

而定。

◎ [自我训练]

2.3.6 正反转操作训练

升降机的上升及下降经常用到正反转操作，为减缓正反转启动停止时的冲击，适当延长加减速时间即可实现。正反转运行的频率和运行时间可由现场情况决定。读者也可按照图 2－9 所给曲线进行自我训练和评定测试。

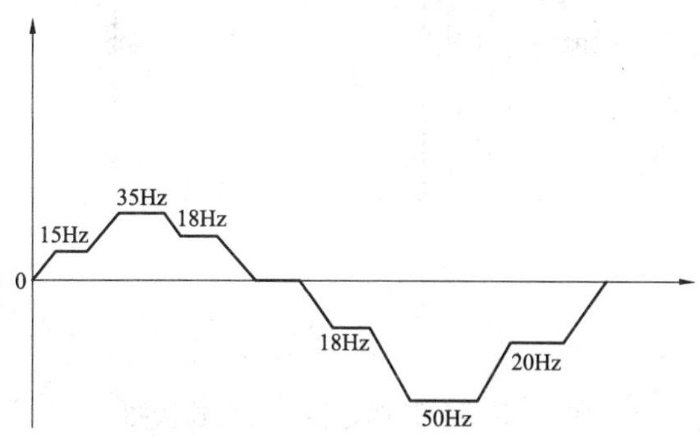

图 2－9　正反转功能操作曲线图

2.4 外接两地控制线路

学习目的

1. 熟悉变频器的基本使用控制要求。
2. 掌握变频器外接两地控制的连接和有关参数设置。
3. 掌握面板参数设置和外端子操作的两地控制运行。

◎ [基础知识]

在工业生产中，生产现场与操作室之间经常要用到两地控制模式，所以掌握变频器的两地控制接线的运行是十分重要的。

2.4.1 MM420 系列变频器外接两地控制线路的连接

1. 主电路的连接

（1）输入端子 L、N 接单相电源。

（2）输出端子 U、V、W 接电动机。

2. 外端子控制回路的连接

外端子控制回路的连接如图 2－10 所示，布置如图 2－11 所示。

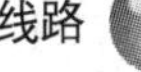

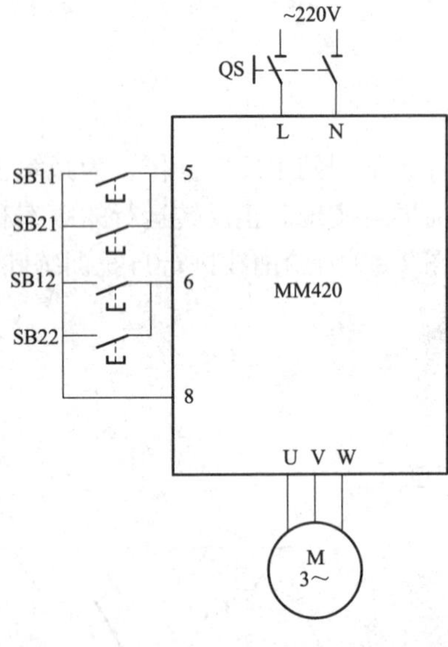

图 2－10　外接两地控制外部连接图

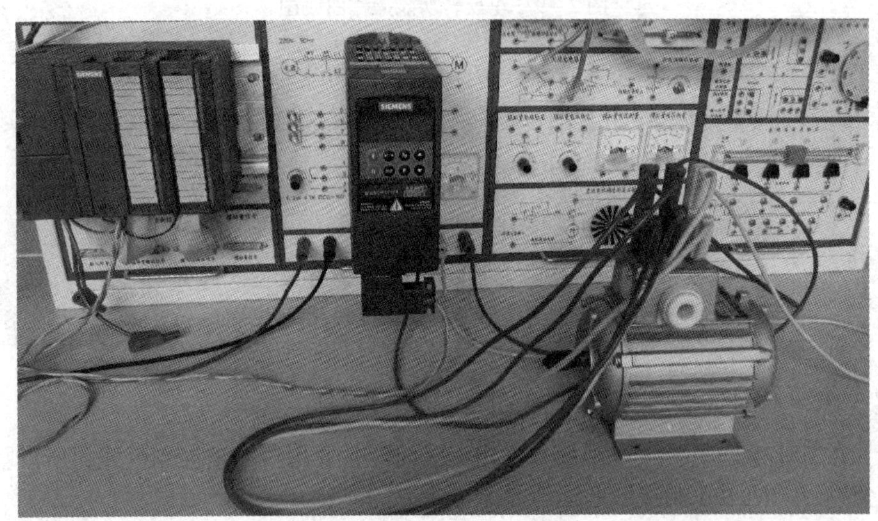

图 2－11　布置图

2.4.2　相关功能参数的含义详解及设定操作技能

1. 参数设定

按表 2－4 设定相关参数。

表 2-4　　外接两地控制电路控制参数设定

参数代码	功　能	设 定 数 据
P0010	工厂设置	30
P0970	参数复位	1
P0010	快速调试	1
P0100	功率以 kW 表示	0
P0304	电动机额定电压	230V
P0305	电动机额定电流	1A
P0307	电动机额定功率	1.1kW
P0310	电动机额定频率	20Hz
P3900	结束快速调试	1
P0003	扩展访问级	2
P1000	频率设定选择 BOP	1
P1040	输出频率	50Hz
P1120	斜坡上升时间	10s
P1121	斜坡下降时间	10s
P0700	选择命令源	2
P0701	正转/停车命[illegible]	1
P0702	反转命令	12
P1300	控制方式	0

2. 参数含义详解及设定操作

本课题所涉及的参数，在正反转课题中已有详细说明，请读者参阅。

◎ ［实战演练］

2.4.3 训练内容

一台三相异步电动机的功率为 1.1kW，额定电流为 2.52A，额定电压为 380V。现用变频器进行两地控制，通过变频器参数设置和外端子接线来控制变频器的运行输出频率，达到电动机的两地运行控制的目的。在运行操作中运行频率分别设定为：第一次 20Hz；第二次 30Hz；第三次 40Hz。

2.4.4 设备、工具和材料准备

（1）工具。电工工具 1 套。

（2）仪表。MF—500B 型万用表、数字万用表 DT9202、5050 型绝缘电阻表、频率计、测速表各一。

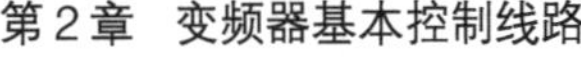

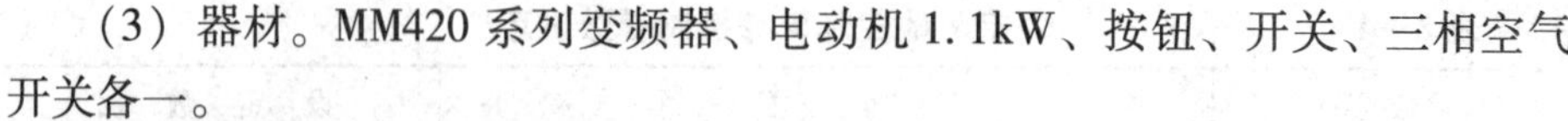

（3）器材。MM420 系列变频器、电动机 1.1kW、按钮、开关、三相空气开关各一。

2.4.5 操作步骤

1. 安装接线及运行调试

（1）首先将主、控回路线连接好。

（2）主、控回路按图 2－1 所示接线。

（3）经检查无误后方可通电。

（4）将所涉及参数先按要求正确置入变频器，观察 LED 监视器并按表 2－4 所给参数进行设置。

（5）参数设置完毕切换到运行监视模式画面，观察 LED 显示内容，可根据相应要求按下 Fn 键监视输出频率，输出电流，输出电压。

（6）此时两地控制相关功能参数设定完毕即可进行两地正、反转控制运行。

（7）按下甲地正转起动按钮 SB11，电动机将按照第一次设定频率所设定值工作在正转 20Hz 连续运行状态。

（8）按下甲地反转按钮 SB12，电动机将反转运行。

（9）当甲地反转起动按钮 SB12 断开时，电动机将切换到正转运行。

（10）当甲地正转起动按钮 SB11 断开时，电动机将停止运行。

（11）按下乙地正转起动按钮 SB21，电动机将正转连续运行。

（12）按下乙地反转起动按钮 SB22，电动机将按照第一次设定频率所设定值工作在反转 20Hz 连续运行状态。停止时松开乙地起动按钮 SB21，电动机将停止反转。

（13）观察变频器的运行情况，LED 监视器所显示结果是否正确。

（14）两地控制 30Hz 和 40Hz 时正、反转运行的操作步骤和方法，只需改变 P1040 即可改变运行频率，其他同上。

（15）对于三地或多地控制，只要把各地的起动按钮并接、停止按钮并接在变频器的外接端子信号控制端就可实现。

2. 注意事项

（1）接线完毕后一定要重复认真检查以防错误烧坏变频器，特别是主电源电路。

（2）在接线时变频器内部端子用力不得过猛，以防损坏。

（3）在送电和停电过程中要注意安全，特别是在停电过程中必须待面板 LED 显示全部熄灭情况下方可打开盖板。

（4）在变频器进行参数设定操作时应认真观察 LED 显示内容，以免发生

错误，争取一次试验成功。

(5) 由于变频器可直接切换其正、反转，必须注意使用时的安全。在变频器由正转切换为反转状态时，加减速时间可根据电机容量和工作环境条件不同而定。

◎［自我训练］

2.4.6 两地控制运行训练

在工业电气自动控制生产中经常要用到控制室和生产现场的两地控制运行，控制要求和情况根据生产工艺决定。读者也可按照下面所给要求进行自我训练和评定测试。某生产操作要求甲地正转运行在15Hz，乙地反转运行在20Hz和38Hz。

2.5 PID 控制电路系统

学习目的

1. 掌握变频器 PID 控制时参数设定的方法。
2. 掌握变频器 PID 控制时的接线方法。
3. 理解 PID 控制原理。

◎［基础知识］

2.5.1 PID 控制原理

PID 控制就是比例（P）、积分（I）、微分（D）控制。PID 控制是闭环控制，是将传感器测得的反馈信号（实际信号）与被控量的给定目标信号进行比较，以判断是否已经达到预定的控制目标。如果尚未达到预定目标值，则根据两者之间的差值进行调节，直到达到预定目标值为止，即根据系统的误差，利用比例、积分、微分计算出控制量进行控制。特别适用于过程的动态性能良好而且控制性能要求不太高的情况。PID 控制原理如图 2－12 所示，实际中也有 PI 和 PD 控制。

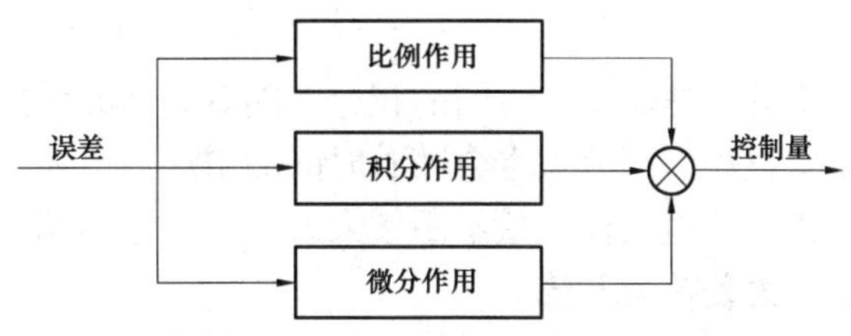

图 2－12 PID 控制原理图

1. 比例 P 控制

比例控制也称为比例增益环节，是一种最简单的控制方式。其控制器的输

出信号 u 与输入误差信号 e 成比例关系，即

$$u(t)=K_C\times e(t)$$

式中　K_C——放大倍数，也称为比例增益。

当仅有比例控制时，系统输出存在稳态误差。增大比例增益 K_C，系统的响应速度变快，但同时会使系统振荡加剧，稳定性变差。比例系数的确定是在响应的快速性与平稳性之间进行折中。比例控制的动态响应曲线如图 2－13 所示。

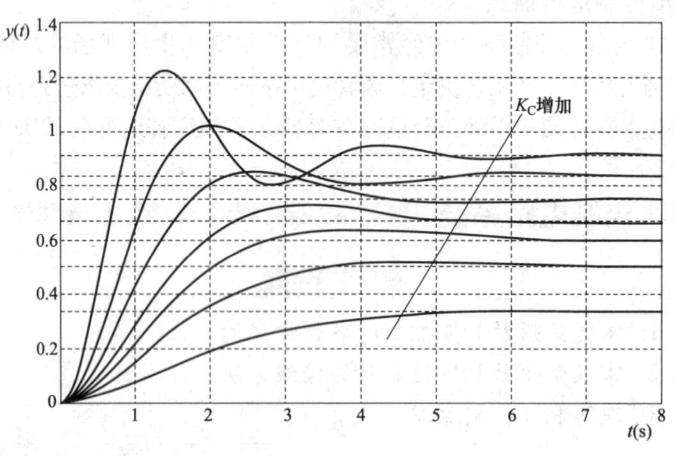

图 2－13　比例控制的动态响应曲线

2. 积分 I 控制

在积分控制中，其控制器的输出信号 u 与输入误差信号 e 成积分关系，即

$$u(t)=K_I\int_0^\tau e(\tau)\mathrm{d}(\tau)$$

积分项是误差与时间的积分，随着时间的增加，积分项会增大。这样，即使误差很小，积分项也会随着时间的增加而增大，只要偏差不为零，偏差就不断累积，从而使控制量不断增大或减小，直到偏差为零为止。因此，积分控制是一种无差控制系统。

积分控制作用比较缓慢，因此，积分作用一般和比例作用配合组成 PI 调节器，并不单独使用。比例＋积分（PI）控制器，可以使系统在进入稳态后无稳态误差。PI 控制的 P 控制在偏差出现时，迅速反应输入的变化；I 控制使输出逐渐增加，最终消除稳态误差。积分控制的动态响应曲线如图 2－14 所示。

3. 微分 D 控制

在微分控制中，其控制器的输出信号 u 与输入误差信号 e 成微分关系，即

$$u(t)=K_d\frac{\mathrm{d}e(t)}{\mathrm{d}t}$$

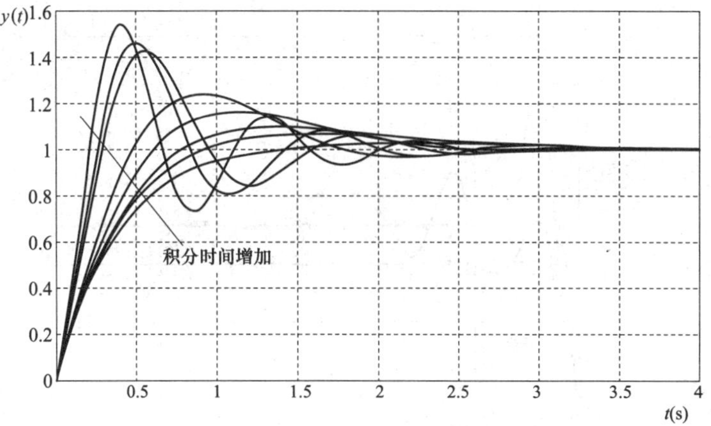

图 2－14　积分控制的动态响应曲线

自动控制系统在克服误差的调节过程中可能会出现振荡甚至失稳。微分环节可以根据偏差的变化趋势，提前给出较大的调节动作，使抑制误差的控制作用等于零，甚至为负值，从而避免了被控制量的严重超调。微分控制只在系统的动态过程中起作用，系统达到稳态后微分作用对控制量没有影响，所以不能单独使用，一般是和比例、积分作用一起构成 PD 或 PID 调节器。微分控制的动态响应曲线如图 2－15 所示。

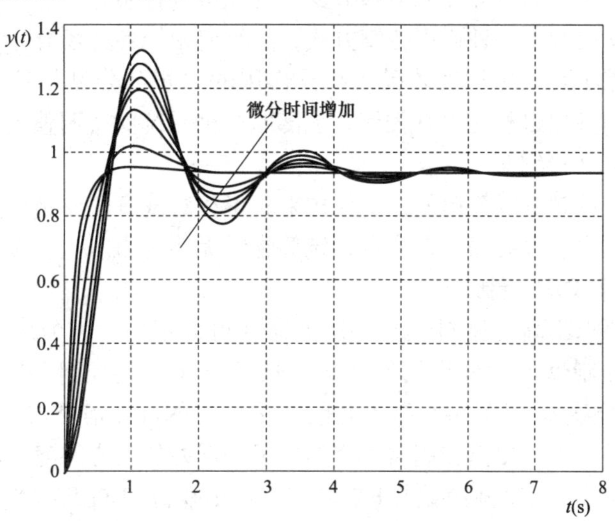

图 2－15　微分控制动态响应曲线

比例＋积分＋微分（PID）控制器能改善系统在调节过程中的动态特性。P、PI、PD、PID 控制的动态响应曲线对比如图 2－16 所示。

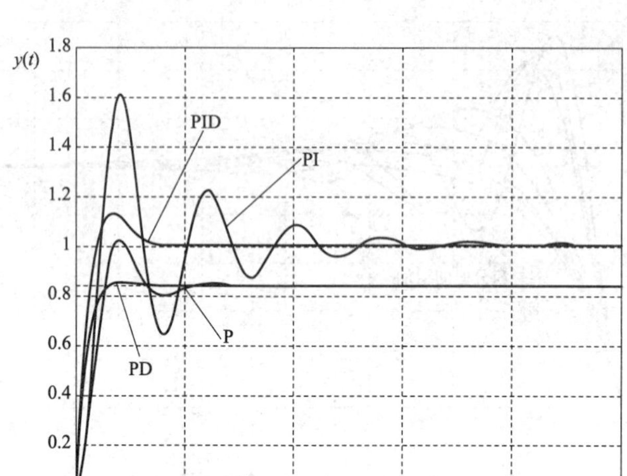

图 2－16　动态响应曲线对比图

2.5.2　PID 的优缺点

（1）PID 控制简单实用，工作原理简单，物理意义清楚，一线的工程师很容易理解和接受。

（2）PID 控制的设计和调节参数少，且调整方针明确。

（3）PID 控制是一种通用控制方式，广泛应用于各种场合，且不断改进和完善，如偏差小到一定程度才投入积分作用的“积分分离”控制、能自动计算控制参数的参数自整定 PID 控制、能随时根据系统状态调整控制参数的自适应或智能型 PID 控制等。

（4）PID 控制是以简单的控制结构来获得相对满意的控制性能，控制效果有限，且对时变、大时滞、多变量系统等常常无能为力。

2.5.3　变频器 PID 控制

在系统要求不高的控制中，微分功能 D 可以不用，因为反馈信号的每一点变化都被控制器的微分作用所放大，从而可能引起控制器输出的不稳定。MM420 的微分项 D（P2274）乘上当前（采样）的反馈信号与上一个（采样）反馈信号之差，可以提高控制器对突然出现的误差的反应速度。在系统反应太慢时，应调大 K_P（比例增益）P2280，或减小积分时间 P2285；在发生振荡时，应调小 K_P（比例增益）P2280，或调大积分时间 P2285。

MM420 的 PID 控制可以选择 7 个目标值的 PID 控制，由数字输入端子 DIN1～DIN3通过 P0701～P0703 设置实现多个目标值的选择控制。每个目标值的 PID 参数值分别由 P2201～P2207 进行设置。端子选择目标值的方式和 7 段速度

控制的目标选择方式相同，分为直接选择目标值、直接选择目标值带 ON 命令、二进制编码选择目标值带 ON 命令。目标选择方式设定由 P2216～P2222 设定。变频器只选择一个目标值的 PID 控制时，目标值也可以用操作面板进行设定。

2.5.4 MM420 系列变频器 PID 控制线路的连接

1. 主电路的连接

（1）输入端子 L、N 接单相电源。

（2）输出端子 U、V、W 接电动机。

2. 外端子控制回路连接

外端子控制回路的连接如图 2－17 所示。一个 PID 值控制的端子接线如图 2－18 所示，布置如图 2－19 所示。多个 PID 值控制的端子接线如图 2－20 所示，布置如图 2－21 所示。

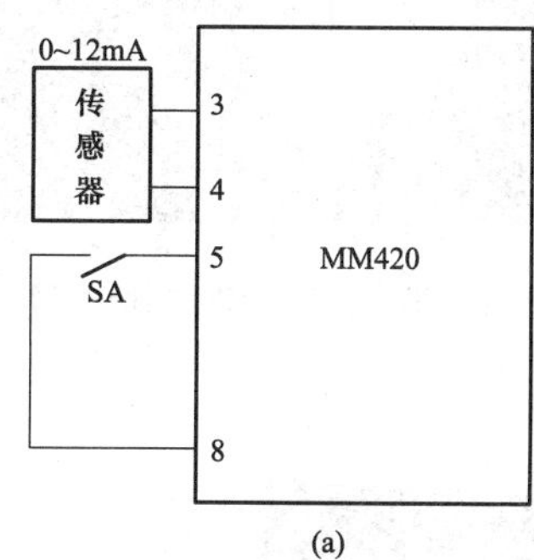

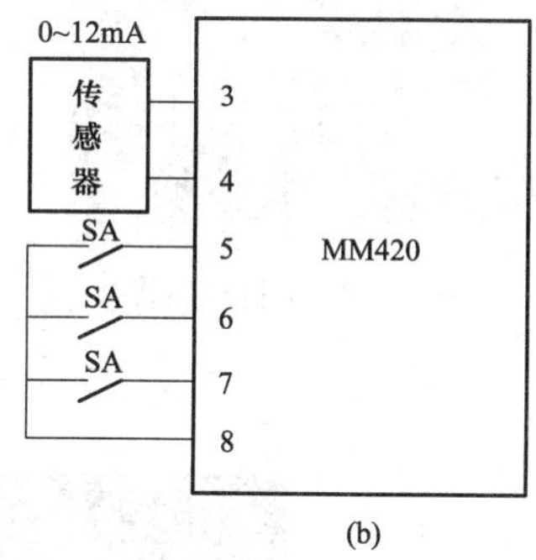

图 2－17　PID 控制外部连接图

（a）一个 PID 值控制接线；（b）多个 PID 值控制接线

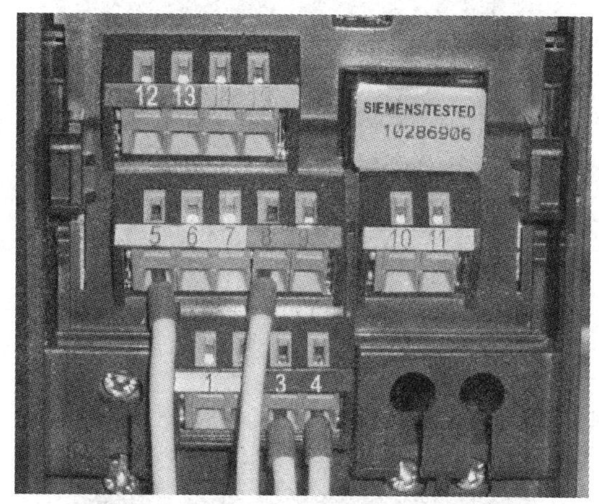

图 2－18　一个 PID 控制端子接线图

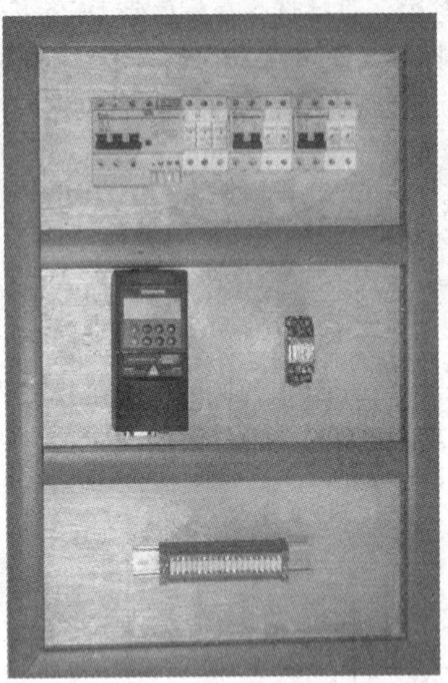

图 2－19　一个 PID 控制布置图

图 2－20　多个 PID 控制端子接线图

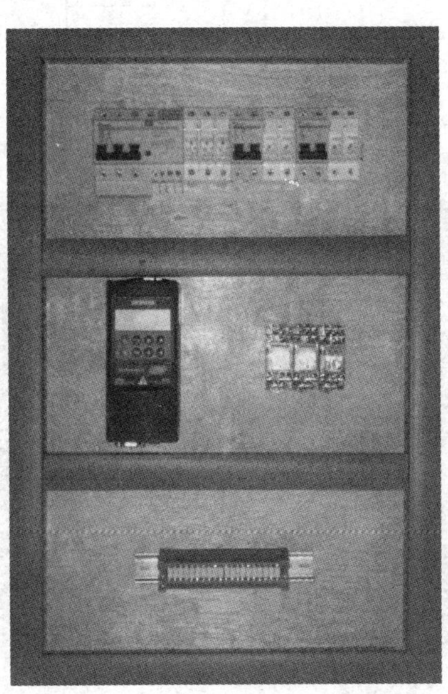

图 2－21　多个 PID 控制布置图

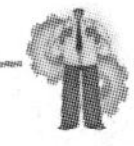

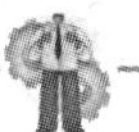

2.5.5 MM420 系列变频器 PID 相关功能参数的含义详解及设定操作技能

1. 一个 PID 目标值控制参数设置

（1）参数设定。按表 2－5 设定相关参数。

表 2－5　一个 PID 控制参数设定

参数代码	功　能	设 定 数 据
P0010	工厂设置	30
P0970	参数复位	1
P0010	快速调试	1
P0100	功率以 kW 表示	0
P0304	电动机额定电压	230V
P0305	电动机额定电流	1A
P0307	电动机额定功率	1.1kW
P0310	电动机额定频率	50Hz
P3900	结束快速调试	1
P0010	工厂设置	0
P0003	扩展访问级	2
P0700	命令选择	2
P0701	端子 DIN1 功能	1
P0725	端子输入高电平有效	1
P1000	频率设定由 BOP 设置	1
P1080	下限频率	20Hz
P1082	上限频率	50Hz
P2200	PID 控制功能有效	1
P2240	由面板设定目标参数	60（%）
P2253	已激活的 PID 设定值	2250
P2254	无 PID 微调信号源	70
P2255	PID 设定值的增益系数	100
P2256	PID 微调信号增益系数	0
P2257	PID 设定值斜坡上升时间	1s
P2258	PID 设定值的斜坡下降时间	1s
P2261	PID 设定值无滤波	0
P2264	PID 反馈信号由 AIN＋设定	755.0

续表

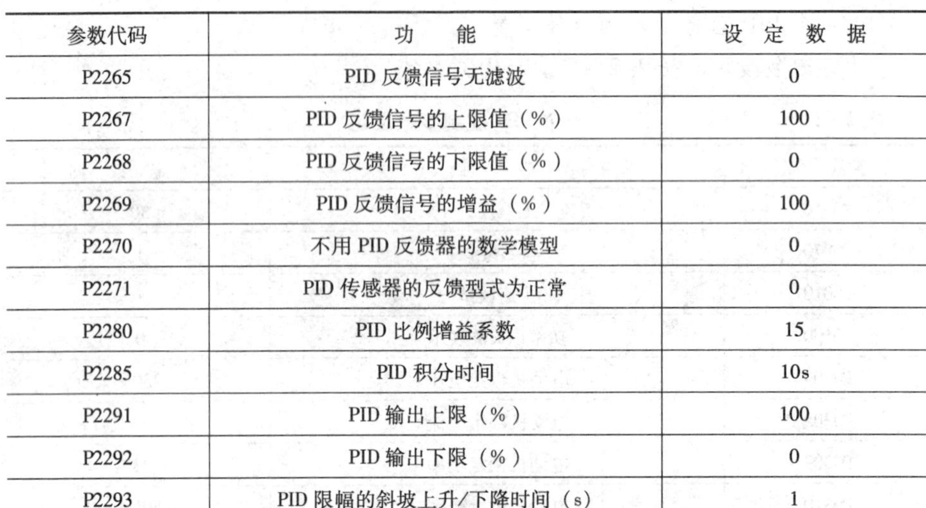

参数代码	功　能	设 定 数 据
P2265	PID 反馈信号无滤波	0
P2267	PID 反馈信号的上限值（%）	100
P2268	PID 反馈信号的下限值（%）	0
P2269	PID 反馈信号的增益（%）	100
P2270	不用 PID 反馈器的数学模型	0
P2271	PID 传感器的反馈型式为正常	0
P2280	PID 比例增益系数	15
P2285	PID 积分时间	10s
P2291	PID 输出上限（%）	100
P2292	PID 输出下限（%）	0
P2293	PID 限幅的斜坡上升/下降时间（s）	1

（2）参数含义详解及设定操作。

1）电动机参数设定。P0010 设定为 30～0 之间的参数设定为电动机的参数设定。

2）控制参数设定。P0003 设定为 2 到 P2200 设定为 1 之间的参数设定为控制参数设定。P2200 设定为 1 时，允许投入 PID 闭环控制器，P1120 和 P1121 中设定的常规斜坡时间以及常规的频率设定值即自动被禁止。但是，在 OFF1 或 OFF3 命令之后，变频器的输出频率将按 P1121（若为 OFF3，则是 P1135）的斜坡时间下降到“0”。

3）目标参数设定。P2240～P2261 之间的参数设定为控制参数设定。

P2240 为 PID 设定值由面板 BOP 设定，设定值范围 -200%～200% 之间。

P2253 为 PID 设定值信号源。设定值：755 = 模拟输入 1；2224 = 固定的 PID 设定值（参看 P2201～P2207）；2250 = 已激活的 PID 设定值（参看 P2240）。

P2254 为 PID 微调信号源。选择 PID 设定值的微调信号源。这一信号乘以微调增益系数，并与 PID 设定值相加，设置范围为 0.0～4000.0。

P2255 为 PID 设定值的增益系数。输入的设定值乘以这一增益系数后，使设定值与微调值之间得到一个适当的比率关系，设置范围为 0.0～100.0。

P2256 为 PID 微调信号的增益系数。采用这一增益系数对微调信号进行标定后，再与 PID 主设定值相加，设置范围为 0.0～100.00。

P2257 为 PID 设定值的斜坡上升时间，设置范围为 0.00～650.00。

P2258 为 PID 设定值的斜坡下降时间，设置范围为 0.00～650.00。如果斜坡下降时间设定得太短，可能导致变频器过电压跳闸（F0002）/过电流跳闸（F0001）。

P2261 为 PID 设定值的滤波时间常数。设置范围为 0.00～60.00。

4）反馈参数设定。P2264～P2271 之间的参数设定为反馈参数设定。

P2264 为 PID 反馈信号，设置范围为 0.0～4000.0。

P2265 为 PID 反馈滤波时间，设置范围为 0.00～60.00。

P2267 为 PID 反馈信号的上限值，设置范围为 -200.00～200.00。当 PID 控制投入（P2200=1），而且反馈信号上升到高于这一最大值时，变频器将因故障 F0222 而跳闸。

P2268 为 PID 反馈信号的下限值，设置范围为 -200.00～200.00。当 PID 控制投入（P2200=1），而且反馈信号下降到低于这一最小值时，变频器将因故障 F0221 而跳闸。

P2269 为 PID 反馈信号的增益，设置范围为 0.00～500.00。增益系数为 100.0% 时表示反馈信号仍然是其缺省值，没有发生变化。

P2270 为 PID 反馈功能选择器，设置范围为 0～3。0=禁止；1=二次方根；2=二次方；3=三次方。

P2271 为 PID 传感器的反馈型式。0=［缺省值］如果反馈信号低于 PID 设定值，PID 控制器将增加电动机的速度，以校正它们的偏差。1=如果反馈信号低于 PID 设定值，PID 控制器将降低电动机的速度，以校正它们的偏差。

5）PID 参数设定。P2280～P2293 之间的参数设定为 PID 参数设定。

P2280 为 PID 比例增益系数，设置范围为 0.000～65.000。

P2285 为 PID 积分时间，设置范围为 0.000～60.000。

P2291 为 PID 输出上限，以［%］值表示，设置范围为 -200.00～200.00。

P2292 为 PID 输出下限。以［%］值表示，设置范围为 -200.00～200.00。

P2293 为 PID 限幅值的斜坡上升/下降时间。设定 PID 输出最大的斜坡曲线斜率。设置范围为 0.00～100.00。

2. 7 个 PID 目标值控制参数设置

（1）参数设定。多个 PID 参数设定时，按表 2-6 设定相关参数。

表 2-6　　7 个 PID 控制参数设定

参数代码	功　能	设 定 数 据
P0010	工厂设置	30
P0970	参数复位	1

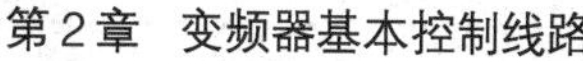

续表

参数代码	功　　能	设 定 数 据
P0010	快速调试	1
P0100	功率以 kW 表示	0
P0304	电动机额定电压	230V
P0305	电动机额定电流	1A
P0307	电动机额定功率	1.1kW
P0310	电动机额定频率	50Hz
P3900	结束快速调试	1
P0010	工厂设置	0
P0003	扩展访问级	2
P0700	命令选择	2
P0701	端子 DIN1 功能按二进制选择目标值 + ON 命令	17
P0702	端子 DIN2 功能按二进制选择目标值 + ON 命令	17
P0703	端子 DIN3 功能按二进制选择目标值 + ON 命令	17
P0725	端子输入高电平有效	1
P1000	选择固定频率设定值	3
P1080	下限频率	20Hz
P1082	上限频率	50Hz
P2200	PID 控制功能有效	1
P2201	PID 固定目标值 1	10
P2202	PID 固定目标值 2	20
P2203	PID 固定目标值 3	30
P2204	PID 固定目标值 4	40
P2205	PID 固定目标值 5	50
P2206	PID 固定目标值 6	60
P2207	PID 固定目标值 7	70
P2216	PID 固定目标值方式— 位 0 二进制选择 + ON 命令	3

续表

参数代码	功　能	设 定 数 据
P2217	PID 固定目标值方式— 位 1 二进制选择 + ON 命令	3
P2218	PID 固定目标值方式— 位 2 二进制选择 + ON 命令	3
P2253	已激活的 PID 设定值	2250
P2254	无 PID 微调信号源	70
P2255	PID 设定值的增益系数	100
P2256	PID 微调信号增益系数	0
P2257	PID 设定值斜坡上升时间	1
P2258	PID 设定值的斜坡下降时间	1
P2261	PID 设定值无滤波	0
P2264	PID 反馈信号由 AIN + 设定	755.0
P2265	PID 反馈信号无滤波	0
P2267	PID 反馈信号的上限值（%）	100
P2268	PID 反馈信号的下限值（%）	0
P2269	PID 反馈信号的增益（%）	100
P2270	不用 PID 反馈器的数学模型	0
P2271	PID 传感器的反馈型式为正常	0
P2280	PID 比例增益系数	15
P2285	PID 积分时间	10
P2291	PID 输出上限（%）	100
P2292	PID 输出下限（%）	0
P2293	PID 限幅的斜坡上升/下降时间（s）	1

（2）参数含义详解及设定操作。

1）电动机参数设定。与一个 PID 控制参数相同。

2）控制参数设定。P0003 设定为 2 到 P2200 设定为 1 之间的参数设定为控制参数设定。与一个 PID 控制的参数不相同的是 P0701 ~ P0703 的设置。

3）目标参数设定。P2201 ~ P2261 之间的参数设定为控制参数设定。

P2201 为 PID 控制器的固定频率设定值 1，设定值范围为 -200% ~200%。

P2202 为 PID 控制器的固定频率设定值 2，设定值范围为 -200% ~200%。

P2203 为 PID 控制器的固定频率设定值 3，设定值范围为 -200% ~200%。

P2204 为 PID 控制器的固定频率设定值 4，设定值范围为 -200% ~200%。

P2205 为 PID 控制器的固定频率设定值 5，设定值范围为 -200% ~200%。

P2206 为 PID 控制器的固定频率设定值 6，设定值范围为 -200% ~200%。

P2207 为 PID 控制器的固定频率设定值 7，设定值范围为 -200% ~200%。

其余参数设置与一个 PID 控制相同。

4）反馈参数设定。与一个 PID 控制参数设置相同。

5）PID 参数设定。与一个 PID 控制参数设置相同。

◎ [实战演练]

2.5.6 训练内容

一台三相异步电动机的功率为 1.1kW，额定电流为 2.52A，额定电压为 380V。现需用基本控制面板（BOP）和外部端子进行 PID 控制。通过参数设置来改变变频器的 PID 闭环控制。在运行操作中目标值分别设定为：第一次 30%；第二次 50%；第三次 60%。

2.5.7 设备、工具和材料准备

（1）工具。电工工具 1 套，电动工具及辅助测量用具等。

（2）仪表。MF—500B 型万用表、数字万用表 DT9202、5050 型绝缘电阻表、频率计、测速表各一个。

（3）器材。西门子 MM440 变频器、电动机、其他辅助用按钮、空气开关和交流接触器，导线若干等。

2.5.8 操作步骤

1. PID 控制功能操作

（1）将电源与变频器及电动机连接好，如图 2-1 和图 2-17 所示。

（2）检查无误后，方可通电。

（3）按下操作面板进入参数设置菜单画面，按表 2-5 进行参数设置。

（4）参数设置完毕切换到运行监视模式画面。

（5）按下按钮 SA 时，变频器数字输入端 DIN1 输入“ON”，变频器起动电动机。当变频器反馈信号发生变化时，将会引起电动机速度发生变化。

若反馈信号小于目标值（反馈信号为电流输入时 20mA × P2240 的百分数值；反馈信号为电压输入时 10V × P2240 的百分数值）时，变频器将驱动电动机升速运行；电动机的速度上升引起反馈信号变大。若反馈信号大于目标值时，变频器将驱动电动机降速运行；电动机的速度下降引起反馈信号变小。

（6）松开按钮 SA，变频器数字输入端 DIN1 输入“OFF”，电动机停止

运行。

2. 注意事项

（1）接线完毕后一定要重复认真检查以防错误烧坏变频器，特别是主电源电路。

（2）在接线时变频器内部端子用力不得过猛，以防损坏。

（3）在送电和停电过程中要注意安全，特别是在停电过程中必须待面板LED显示全部熄灭情况下方可打开盖板。

（4）变频器进行参数设定操作时应认真观察LED监视内容，以免发生错误，争取一次试验成功。

（5）在进行制动功能应用时，变频器的制动功能无机械保持作用，要注意安全，以防伤害事故发生。

（6）在运行过程中要认真观测电动机和变频器的工作状态。

◎［自我训练］

2.5.9 PID控制训练

一台三相异步电动机的功率为0.37kW，额定电流为1.05A，额定电压为380V。现需用基本控制面板（BOP）和外部端子进行PID控制。通过参数设置来改变变频器的PID闭环控制。在运行操作中目标值分别设定为50%；反馈信号由模拟输入设定；PID的比例增益系数为15；PID的积分时间为8。

2.6 多段速控制线路

学习目的

1. 熟悉变频器的基本使用控制要求。
2. 掌握变频器多段速控制的连接和有关参数设置。
3. 掌握面板参数设置和外端子操作的多段速控制运行技能。

◎［基础知识］

西门子MM420变频器的多段速运行共有8种运行速度，通过外部接线端子的控制可以运行在不同的速度上，特别是与可编程控制器联合起来控制更方便，在需要经常改变速度的生产工艺和机械设备中得到广泛应用。

2.6.1 MM420型变频器多段速控制线路的连接

1. 主电路的连接

（1）输入端子L、N接单相电源。

(2) 输出端子 U、V、W 接电动机。

2. 多段速控制回路的连接

多段速控制回路的连接如图 2－22 所示，布置如图 2－23 所示。

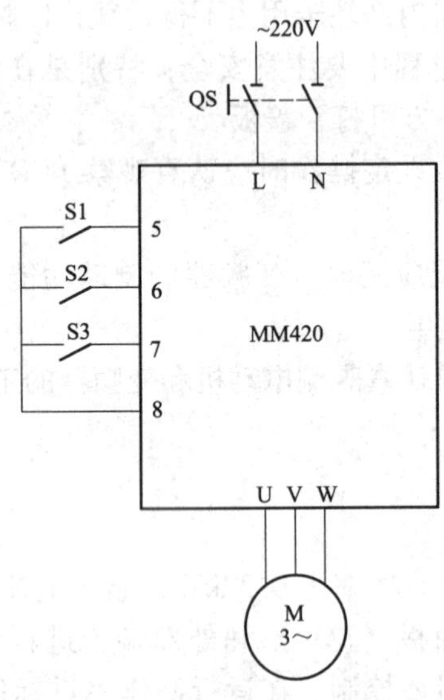

图 2－22　多段速控制外部连接图

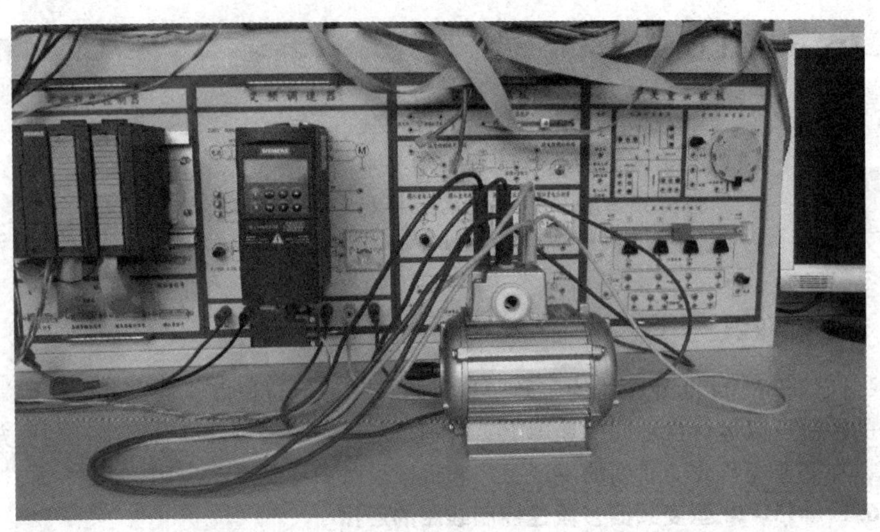

图 2－23　布置图

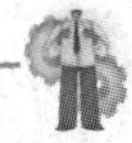

2.6.2 相关功能参数的含义详解及设定操作技能

1. 参数设定

按表 2－7 设定相关参数。

表 2－7　多段速控制参数设定

参数代码	功　能	设　定　数　据
P0010	工厂设置	30
P0970	参数复位	1
P0010	快速调试	1
P0100	功率以 kW 表示	0
P0304	电动机额定电压	230V
P0305	电动机额定电流	1A
P0307	电动机额定功率	1.1kW
P0310	电动机额定频率	20Hz
P3900	结束快速调试	1
P0003	扩展访问级	2
P1000	频率设定选择 BOP	3
P1040	输出频率	0Hz
P1120	斜坡上升时间	10s
P1121	斜坡下降时间	10s
P0700	选择命令源	2
P0701	设定数字输入端 1 的功能	17
P0702	设定数字输入端 2 的功能	17
P0703	设定数字输入端 3 的功能	17
P1001	设定固定频率 1	15Hz
P1002	设定固定频率 2	30Hz
P1003	设定固定频率 3	50Hz
P1004	设定固定频率 4	20Hz

续表

参数代码	功　能	设 定 数 据
P1005	设定固定频率 5	-25Hz
P1006	设定固定频率 6	-45Hz
P1007	设定固定频率 7	-10Hz
P1300	控制方式	0

2. 参数含义详解及设定操作

（1）P0701～P0703　设定数字输入端 1、2、3 的功能为固定频率设定值。MICROMASTER420 系列变频器共有 4 个数字输入端，上个任务中已经介绍过，除缺省值不同以外，每个数字输入端的对应不同的功能都有 19 种不同的设定值，对应本任务的控制要求，除需要用 1 个端子来完成起动、停止外，剩余的 3 个端子用来完成 4 级速度的切换。而用来完成速度切换的端子可选的设定值有 3 种选择，分别为：

15——固定频率设定值，直接选择。

16——固定频率设定值，直接选择 + ON 命令。

17——固定频率设定值，二进制编码的十进制数（BCD 码）选择 + ON 命令。

（2）P1001～P1007　多段速设定频率。此参数为多段速设定频率值，是定义固定频率 1～7 的设定值，这 7 个参数只有缺省值不同，现已 P1001 为例，介绍它的使用方法。有三种选择固定频率的方法：

1）直接选择（P0701 = P0702 = P0703 = 15）。在这种操作方式下，一个数字输入端选择一个固定频率。如果有几个固定频率输入同时被激活，选定的频率是它们的总和。例如：FF1 + FF2 + FF3。需要说明的是，在直接选择的操作方式下，还需要一个 ON 命令才能使变频器投入运行。

2）直接选择 + ON 命令（P0701 = P0702 = P0703 = 16）。选择固定频率时，既有选定的固定频率，又带有 ON 命令，把它们组合在一起。

在这种操作方式下，一个数字输入端选择一个固定频率。如果有几个固定频率输入同时被激活，选定的频率是它们的总和。例如：FF1 + FF2 + FF3。

3）二进制编码的十进制数（BCD 码）选择 + ON 命令（P0701 = P0702 = P0703 = 17）。使用这种方法最多可以选择 7 个固定频率。固定频率数值与数字端子组合见表 2-8。

表 2-8　固定频率数值与数字端子组合

		DIN3	DIN2	DIN1
	OFF	不激活	不激活	不激活
P1001	FF1	不激活	不激活	激活
P1002	FF2	不激活	激活	不激活
P1003	FF3	不激活	激活	激活
P1004	FF4	激活	不激活	不激活
P1005	FF5	激活	不激活	激活
P1006	FF6	激活	激活	不激活
P1007	FF7	激活	激活	激活

值得注意的是，为了使用固定频率功能，除按控制要求设定好不同的频率值以外，还需要将 P1000 的设定值设定为 3，选择固定频率的操作方式。

◎［实战演练］

2.6.3　训练内容

有一台三相异步电动机的功率为 1.1kW，额定电流为 2.52A，额定电压为 380V。现用变频器进行多段速控制，通过变频器参数设置和外端子接线来控制变频器的运行输出频率来达到电动机的多段速运行控制。在运行操作中运行频率按图 2-24 所给参数设定运行。

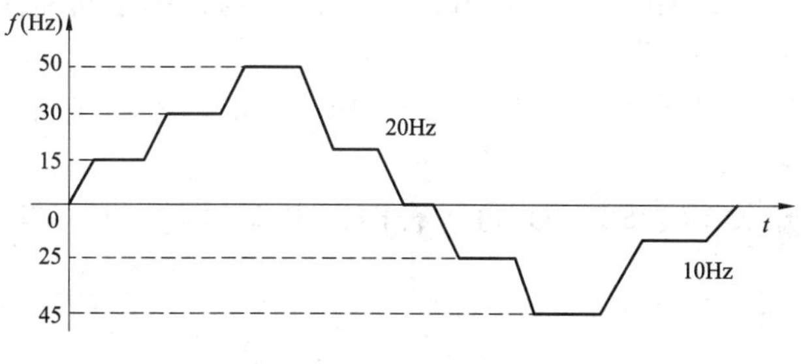

图 2-24　七段速运行曲线图

2.6.4　设备、工具和材料准备

（1）工具。电工工具 1 套。

（2）仪表。MF—500B 型万用表、数字万用表 DT9202、5050 型绝缘电阻表、频率计、测速表各一。

（3）器材。MM420 系列变频器、电动机 1.1kW、按钮、开关、三相空气

开关各一。

2.6.5 操作步骤

1. 安装接线及运行调试

（1）首先将主、控回路线连接好。

（2）主、控回路按图 2-1 所示接线。

（3）经检查无误后方可通电。

（4）将所涉及参数先按要求正确置入变频器：观察 LED 监视器并按表 2-7 所给参数进行设置。

（5）参数设置完毕切换到运行监视模式画面，观察 LED 显示内容，可根据相应要求按下 Fn 键监视输出频率，输出电流，输出电压。

（6）此时两地控制相关功能参数设定完毕，即可进行多段速地正、反转运行操作。

（7）当开关 S1、S2、S3 均处于断开状态时，变频器的输出频率为 0Hz，此时电动机停止。

（8）当开关 S1 闭合时，电动机将工作在第一段速，正转 15Hz。

（9）当开关 S1 断开，开关 S2 闭合时，电动机将工作在第二段速，正转 30Hz。

（10）当开关 S1、S2 均闭合时，电动机将工作在第三段速，正转 50Hz。

（11）当开关 S1、S2 均断开，开关 S3 闭合时，电动机将工作在第四段速，正转 20Hz。

（12）当开关 S2 断开，开关 S1、S3 均闭合时，电动机将工作在第五段速，反转 15Hz。

（13）当开关 S1 断开，开关 S2、S3 均闭合时，电动机将工作在第六段速，反转 45Hz。

（14）当开关 S1、S2、S3 均闭合时，电动机将工作在第七段速，反转 10Hz。

2. 注意事项

（1）接线完毕后一定要重复认真检查以防错误烧坏变频器，特别是主电源电路。

（2）在接线时变频器内部端子用力不得过猛，以防损坏。

（3）在送电和停电过程中要注意安全，特别是在停电过程中必须待面板 LED 显示全部熄灭情况下方可打开盖板。

（4）在变频器进行参数设定操作时应认真观察 LED 显示内容，以免发生错误，争取一次试验成功。

（5）由于变频器可直接切换其正、反转，必须注意使用时的安全。在变频器由正转切换为反转状态时加减速时间可根据电机容量和工作环境条件不同而定。

◎［自我训练］

2.6.6 多段速控制训练

某生产工艺需要多段速控制，正反转运行的多步频率和运行时间可由特定工艺现场情况定。读者也可按照图 2－25 所示的多段速运行操作图所给曲线进行自我训练和评定测试。

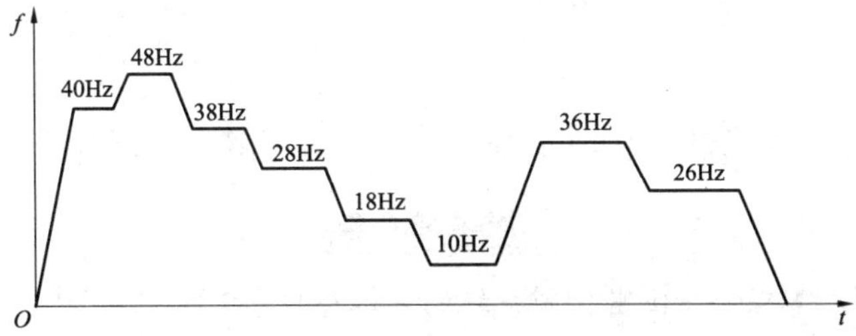

图 2－25　多段速运行操作图

第 3 章　变频器与 PLC 在典型控制系统中的应用

1. 掌握变频器在典型控制系统中的应用技能知识。
2. 掌握变频器在实际生产中的具体应用要求和含义。
3. 掌握变频器在工业控制系统中的参数设置。

3.1 恒压供水变频控制系统

学习目的

1. 掌握恒压供水控制系统的基本原理和实际应用。
2. 掌握恒压供水控制系统中变频器的参数设置及其控制方法。
3. 掌握恒压供水控制系统中 PLC 和变频器结合使用的方法。

◎ [基础知识]

随着现代城市开发的不断发展，传统的供水系统越来越无法满足用户供水需求，变频恒压供水系统是现代建筑中普遍采用的一种供水系统。变频恒压供水系统的节能、安全、高质量的特性使得其越来越广泛用于工厂、住宅、高层建筑的生活及消防供水系统。恒压供水是指用户端在任何时候，无论用水量的大小，总能保持网管中水压的基本恒定。变频恒压供水系统利用 PLC、传感器、变频器及水泵机组组成闭环控制系统，使管网压力保持恒定，代替了传统的水塔供水控制方案，具有自动化程度高，高效节能的优点，在小区供水和工厂供水控制中得到广泛应用，并取得了明显的经济效益。

3.1.1 恒压供水原理

为满足保持网管中水压的基本恒定，通常采用具有 PID 调节功能的控制器，根据给定的压力信号和反馈的压力信号，控制变频器调节水泵的转速，实现网 -1 -1 管恒压的目的。变频恒压供水的原理如图 3 -1 所示。

变频恒压供水系统的工作过程是闭环调节的过程。压力传感器安装在网管上，将网管系统中的水压变换为 4 ~ 20mA 或 0 ~ 10V 的标准电信号，送到 PID

调节器中。PID调节器将反馈压力信号和给定压力信号相比较，经过PID运算处理后，仍以标准信号的形式送到变频器并作为变频器的调速给定信号。也可以将压力传感器的信号直接送到具有PID调节功能的变频器中，进行运算处理，实现输出频率的改变。

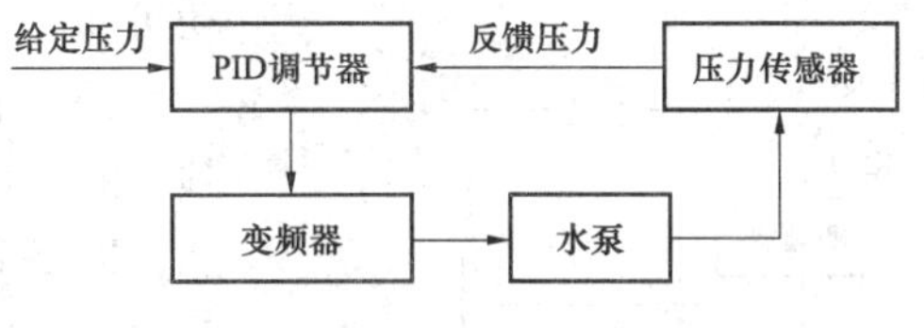

图3－1　恒压供水系统原理图

3.1.2　变频控制方式

恒压供水系统变频器拖动水泵控制方式可根据现场具体情况进行系统设计。为提高水泵的工作效率，节约用电量，通常采用一台变频器拖动多台水泵的控制方式。当用户用水量小时，采用一台水泵变频控制的方式，随着用户用水量的不断提高，当第一台水泵的频率达到上限时，将第一台水泵进行工频运行，同时投入第二台水泵进行变频运行，若两台水泵不能满足用户用水量的要求，按同样的原理逐台加入水泵。当用户用水量减少时，将运行的水泵切断，前一台水泵的工频运行变为变频运行。

3.1.3　PID调节方式

1. 变频器PID

通常变频器的PID功能可以直接用来调节变频恒压供水的系统压力。单独采用变频器控制的方式系统成本降低了很多。但在系统的动态运行过程中，水泵往往会出现速度不稳定的现象，对系统构成影响。

2. 单片机PID控制

单片机控制的可靠性、工作稳定性、寿命的持久性均比不上PLC，同时由于单片机控制程序固定、无法更新。

3. PLC进行PID控制

PLC具有多种数学运算功能，适用性强，控制程序改进方便，计算速度快，各种智能模块、输入/输出模块齐全，易于扩展。

◎［实战演练］

3.1.4　训练内容

采用PLC和变频器对图3－2所示恒压供水系统进行控制。

（1）当用水量较小时，KM1得电闭合，起动变频器；KM2得电闭合，水泵电动机M1投入变频运行。

（2）随着用水量的增加，当变频器的运行频率达到上限值时，KM2失电断开，KM3得电闭合，水泵电动机M1投入工频运行；KM4得电闭合，水泵电

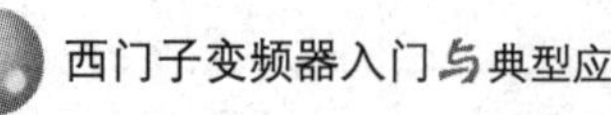

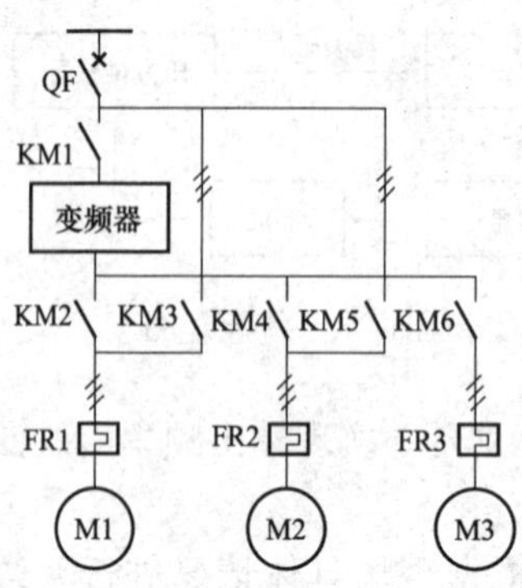

图3-2 恒压供水主电路原理图

动机 M2 投入变频运行。

（3）在电动机 M2 变频运行 5s 后，当变频器的运行频率达到上限值时，KM4 失电断开，KM5 得电闭合，水泵电动机 M2 投入工频运行；KM6 得电闭合，水泵电动机 M3 投入变频运行。电动机 M1 继续工频运行。

（4）随着用水量的减小，在电动机 M3 变频运行时，当变频器的运行频率达到下限值时，KM6 失电断开，电动机 M3 停止运行；延时 5s 后，KM5 失电断开，KM4 得电闭合，水泵电动机 M2 投入变频运行，电动机 M1 继续工频运行。

（5）在电动机 M2 变频运行时，当变频器的运行频率达到下限值时，KM4 失电断开，电动机 M2 停止运行；延时 5s 后，KM3 失电断开，KM2 得电闭合，水泵电动机 M1 投入变频运行。

（6）压力传感器将管网的压力变为 4～20mA 的电信号，经模拟量模块输入 PLC，PLC 根据设定值与检测值进行 PID 运算，输出控制信号经模拟量模块至变频器，调节水泵电动机的供电电压和频率。

3.1.5 设备、工具和材料准备

（1）工具。电工工具 1 套，电动工具及辅助测量用具等。

（2）仪表。MF—500B 型万用表、数字万用表 DT9202、5050 型绝缘电阻表、频率计、测速表各一个。

（3）器材。西门子 MM440 变频器、水泵电动机、西门子 S7—200 型 PLC 和编程软件，其他辅助用按钮、水管及交流接触器、导线等若干。

3.1.6 操作步骤

1. 根据系统控制要求进行 PLC、变频器设计同时进行系统控制接线

（1）PLC 的 I/O 接口分配见表 3-1。

表 3-1　　S7—200 PLC I/O 分配表

输　入			输　出		
输入地址	元件	作　用	输出地址	元件	作　用
I0.0	SB1	起动按钮	Q0.1	KM1	变频器运行
I0.1	19、20 端	变频器下限频率	Q0.2	KM2	M1 变频运行
I0.2	21、22 端	变频器上限频率	Q0.3	KM3	M1 工频运行

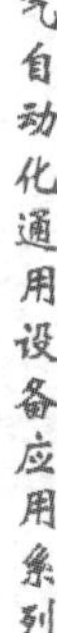

续表

输入			输出		
输入地址	元件	作用	输出地址	元件	作用
AIW0	SP	压力变送器	Q0.4	KM4	M2 变频运行
			Q0.5	KM5	M2 工频运行
			Q0.6	KM6	M3 变频运行
			AQW0	3、4 端	压力模拟输出

（2）恒压供水控制系统 PLC 参考程序如图 3－3 所示。

主程序

网络 1　网络标题

SM0.1　M0.1　M0.0

M0.0

网络 2

M0.0　I0.0　M0.2　M0.1

M0.5　T38　Q0.2

M0.1　Q0.1

S

1

网络 3

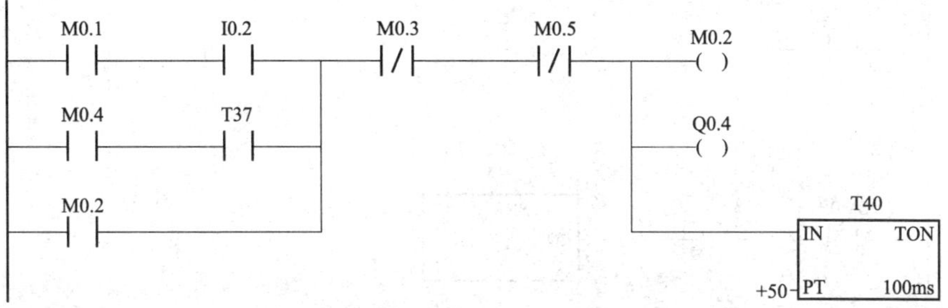

图 3－3　恒压供水控制系统 PLC 参考程序（一）

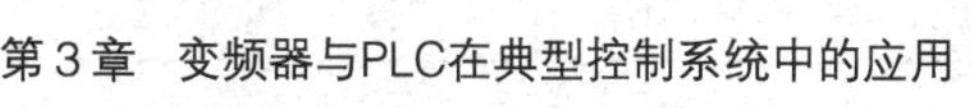

网络 4

M0.2　T40　I0.2　M0.4　M0.3

M0.3　Q0.6

Q0.5

网络 5

M0.3　I0.1　M0.2　M0.4

M0.4　T37

IN　TON

+50　PT　100ms

网络 6

M0.2　I0.1　M0.1　M0.5

M0.5　T38

IN　TON

+50　PT　100ms

网络 7

M0.2　Q0.3

M0.3

网络 8

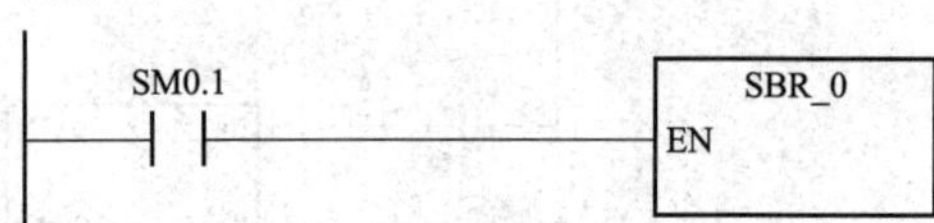

图 3－3　恒压供水控制系统 PLC 参考程序（二）

SBR－0：

网络1　网络标题

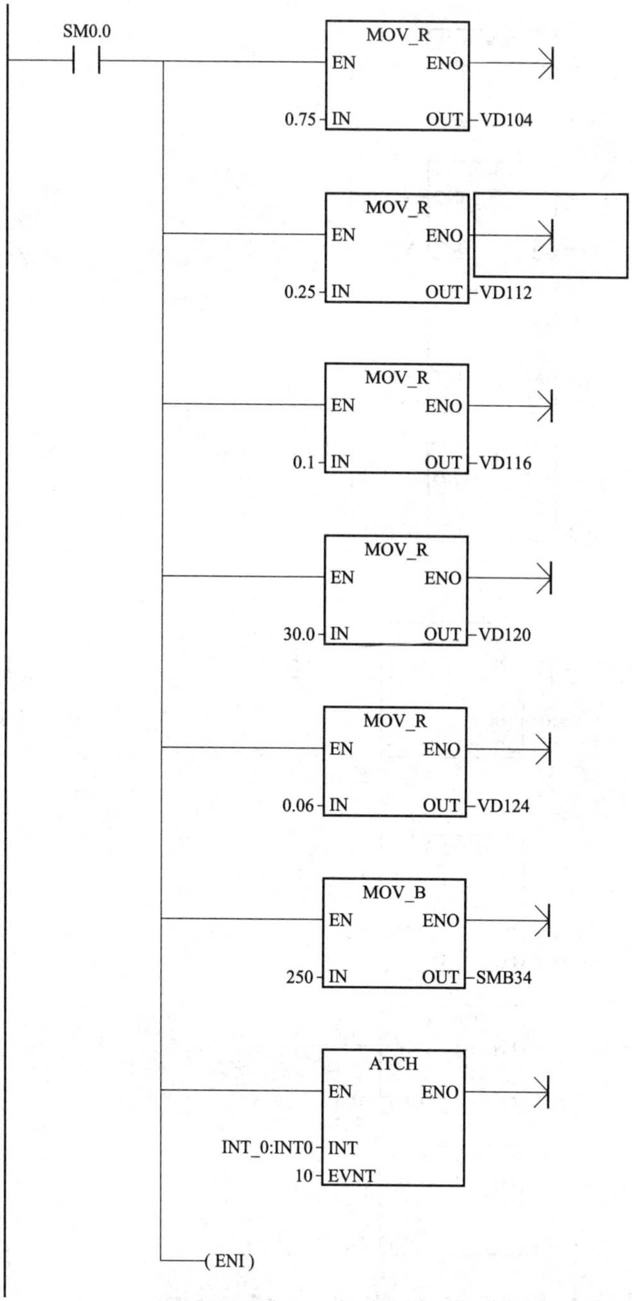
SM0.0
MOV_R
EN
ENO
0.75
IN
OUT
VD104
MOV_R
EN
ENO
0.25
IN
OUT
VD112
MOV_R
EN
ENO
0.1
IN
OUT
VD116
MOV_R
EN
ENO
30.0
IN
OUT
VD120
MOV_R
EN
ENO
0.06
IN
OUT
VD124
MOV_B
EN
ENO
250
IN
OUT
SMB34
ATCH
EN
ENO
INT_0:INT0
INT
10
EVNT
(ENI)

图3－3　恒压供水控制系统PLC参考程序（三）

INT－0：

网络 1　网络标题

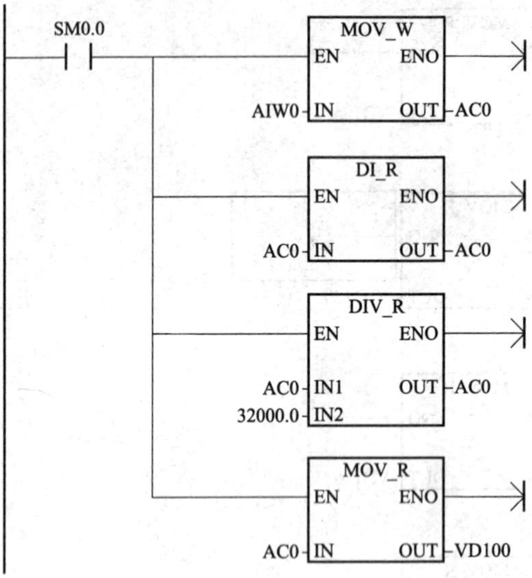

```
SM0.0: MOV_W  EN  AIW0 -> IN  OUT -> AC0
       DI_R   EN  AC0 -> IN  OUT -> AC0
       DIV_R  EN  AC0 -> IN1  32000.0 -> IN2  OUT -> AC0
       MOV_R  EN  AC0 -> IN  OUT -> VD100
```

网络 2

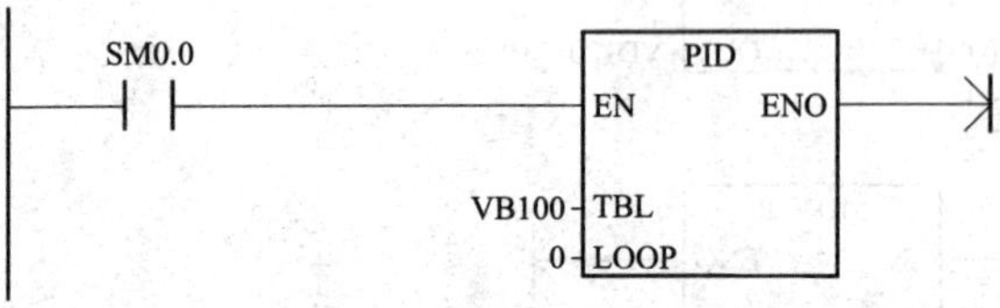

```
SM0.0: PID  EN  VB100 -> TBL  0 -> LOOP
```

网络 3

```
SM0.0: MUL_R  EN  VD108 -> IN1  32000.0 -> IN2  OUT -> AC0
       ROUND  EN  AC0 -> IN  OUT -> AC0
       MOV_W  EN  AC0 -> IN  OUT -> AQW0
```

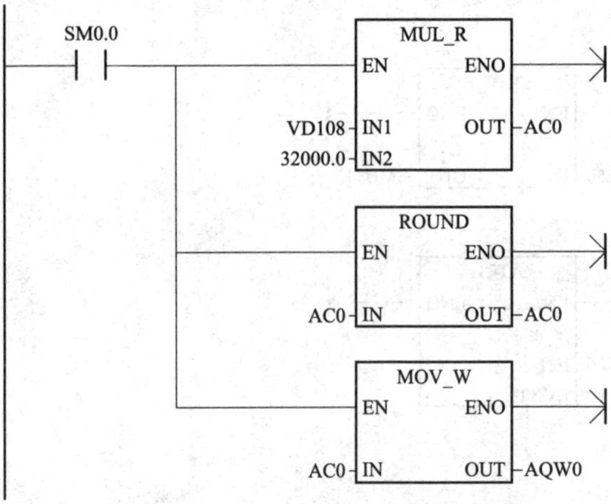

图 3－3　恒压供水控制系统 PLC 参考程序（四）

（3）恒压供水控制系统变频器参数设置，见表3－2。

表3－2　　恒压供水控制系统MM440变频器参数设置表

参数号	设定值	说　明
P0003	3	用户访问所有参数
P0100	0	功率以kW表示，频率为50Hz
P0300	1	电动机类型选择（异步电动机）
P0304	380	电动机额定电压（V）
P0305	3	电动机额定电流（A）
P0307	11	电动机额定功率（kW）
P0309	0.94	电动机额定效率（%）
P0310	50	电动机额定频率（Hz）
P0311	2950	电动机额定转速（r/min）
P0700	2	命令由端子排输入
P0701	1	端子DIN1功能为ON接通正转
P0731	53.2	已达到最低频率（Hz）
P0732	52.A	已达到最高频率（Hz）
P1000	2	频率设定通过外部模拟量给定
P1080	10	电动机运行的最低频率
P1082	50	电动机运行的最高频率
P1120	5	加速时间（s）
P1121	5	减速时间（s）

（4）恒压供水控制系统的元件布置如图3－4所示，系统原理如图3－5所示。

2. 系统的安装接线及运行调试

（1）首先将主、控回路按3－5图进行连线，并与实际操作中情况相结合。

（2）经检查无误后方可通电。

（3）在通电后不要急于运行，应先检查各电气设备的连接是否正常，然后进行单一设备的逐个调试。

（4）按照系统要求进行PLC程序的编写并传入PLC内，并进行模拟运行调试，观察输入和输出点是否和要求一致。

（5）按照系统要求进行变频器参数的

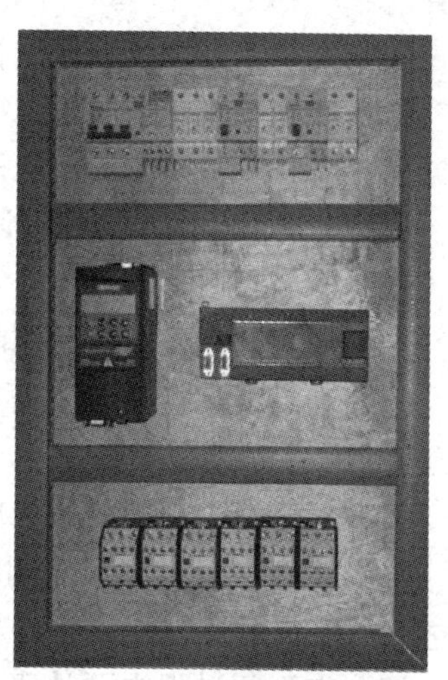

图3－4　恒压供水控制调速系统布置图

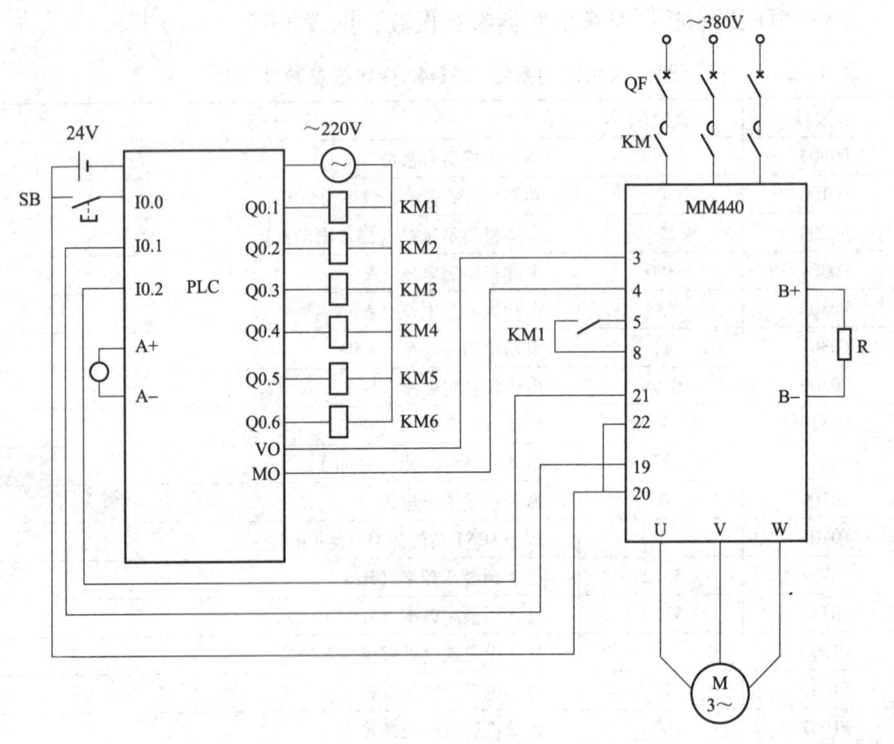

图 3－5　恒压供水控制变频调速系统原理图

设置。

（6）对整个系统统一调试，包括安全和运行情况的稳定性。

（7）在系统正常情况下，按下合闸按钮，就开始按照控制要求运行调试。根据程序调节模拟量输入，从而调节变频器控制恒压供水控制系统电动的转速，从而实现恒压供水的变频调速自动控制。

3. 注意事项

（1）线路必须检查清楚才能上电。

（2）在系统运行调整中要有准确的实际记录，是否温度变化范围小，运行是否平稳及节能效果如何。

（3）对运行中出现的故障现象准确的描述分析。

（4）注意在恒压供水控制时不得长期超负荷运行，否则电动机和变频器将过载而停止运行。

（5）在运行过程中要认真观测，恒压供水控制系统的变频自动控制方式及特点。

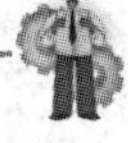

◎［自我训练］

3.1.7 自动恒温控制训练

利用变频器通过控制压缩机的速度来实现温度控制，温度信号的采集由温度传感器完成。整个系统可由 PLC 和变频器配合实现自动恒温控制。

1. 系统控制要求

(1) 某空调冷却系统有三台水泵，按设计要求每次运行两台，一台备用，10 天轮换一次。

(2) 冷却进（回）水温差超出上限温度时，一台水泵全速运行，另一台变频高速运行，冷却进（回）水温差小于下限温度时，一台水泵变频低速运行。

(3) 三台泵分别由电动机 M1、M2、M3 拖动，全速运行由 KM1、KM3、KM5 三个接触器控制，变频调速分别由 KM2、KM4、KM6 三个接触器控制。

(4) 变频调速通过变频器的七段速度实现控制，见表 3－3。

表 3－3　　七段速运行参数设定表

速度	1 速	2 速	3 速	4 速	5 速	6 速	7 速
控制端子	RH，RM，RL	RH，RM	RH，RL	RM，RL	RL	RM	RH
设定值（Hz）	10	15	20	25	30	40	50

(5) 全速冷却泵的开启与停止由进（回）水温差控制。

(6) 结合空调制冷原理和要求；主电路的连接如图 3－6 所示。

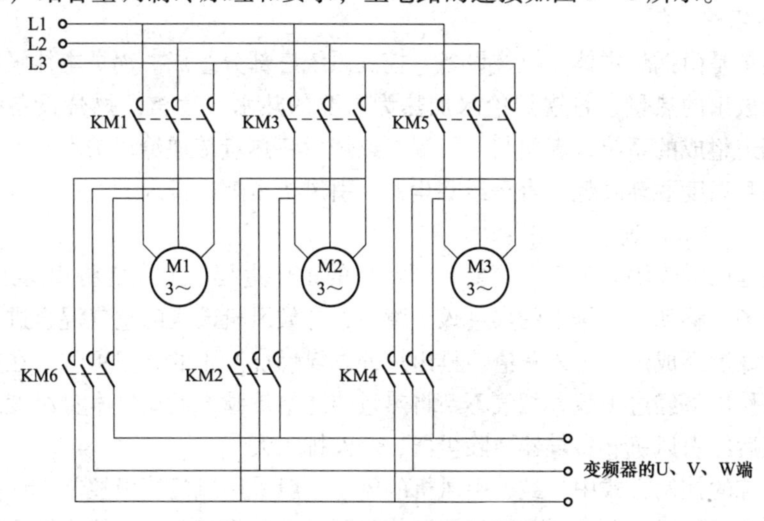

图 3－6　冷却泵主回路接线图

2. 任务要求

(1) 电路设计：根据任务，列出 PLC 控制 I/O 口（输入/输出）元件地址分配表，根据控制要求，设计梯形图及绘制 PLC、变频器接线图，并设计出有必要的电气安全保护措施。

(2) 安装与接线要紧固、美观，耗材要少。

3.2 锅炉鼓风机变频控制系统

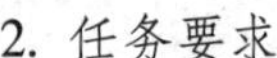

学习目的

1. 掌握锅炉鼓风机控制系统的基本原理和实际应用。
2. 掌握锅炉鼓风机控制系统中变频器的参数设置及其控制方法。
3. 掌握锅炉鼓风机控制系统中 PLC 和变频器结合使用的方法。

◎ [基础知识]

在国民经济建设中，锅炉起着重要作用。作为能源转换的重要设备，锅炉广泛的应用在电力、机械、冶金、化工、纺织、造纸、食品等行业及日常生活中。工业锅炉根据采用的燃料不同，通常分为燃煤、燃油和燃气三种。这三种锅炉的燃烧过程控制系统基本相同，只是燃料量的调节手段有所区别，锅炉燃烧过程的自动控制是一项重要的控制内容。

3.2.1 锅炉的工作原理

1. 锅炉结构

锅炉是由锅炉本体、燃烧设备、控制系统三部分组成。锅炉本体吸收燃烧设备所放出的热量，将锅炉给水加热为需要的热水或蒸汽。燃烧设备是由炉膛、烟道组成的系统，燃料与空气混合燃烧后将热量传递给锅炉本体系统，而烟气自身温度逐渐降低，直至经除尘器、引风机由烟囱排入大气。

2. 锅炉工作过程

这里以燃煤锅炉为例，简要介绍锅炉的工作过程。上煤机将煤送入炉排，炉排向炉后移动，炉排上的煤进入炉膛后，与鼓风机鼓入的空气混合进行燃烧放热，煤燃烬成炉渣进入灰渣斗排出炉外。煤燃烧产生的高温烟气，在引风机的抽吸作用下经过炉膛，烟气不断将热量传递给炉膛，而烟气本身温度逐渐下降，最后经引风机、省煤器、除尘器、烟囱排入大气。

传统的控制方式中，鼓、引风机的风量一般采用风门挡板控制，炉排电机及给粉机采用滑差调速，其弊端是调节不及时，操作复杂，不能确保锅炉的最

佳运行状态，浪费能源。对工业锅炉燃烧过程实现变频器调速主要是通过变频器调节送风机的送风量、引风机的引风量和燃料进给。

3.2.2 鼓风机原理

鼓风机是一种将气体进行压缩并传送的机械装置。按其机械特性可分为恒转矩鼓风机和二次方鼓风机。

1. 恒转矩鼓风机

恒转矩鼓风机主要是罗茨鼓风机，其结构如图 3－7 所示。罗茨风机为定容积式风机，输送的风量与转数成比例。罗茨风机两个轴上装有两个完全相同并啮合的齿轮，一个轴为主动轮，另一个为从动轮，当三叶型叶轮转动时，风机 2 根轴上的叶轮与椭圆形壳体内孔面、叶轮端面、风机前后端盖之间及风机叶轮之间者始终保持微小的间隙，在同步齿轮的带动下风从风机进风口沿壳体内壁输送到排出的一侧。罗茨风机主要应用在气压要求较高的场合，其机械特性为恒转矩特性，如图 3－8 所示。

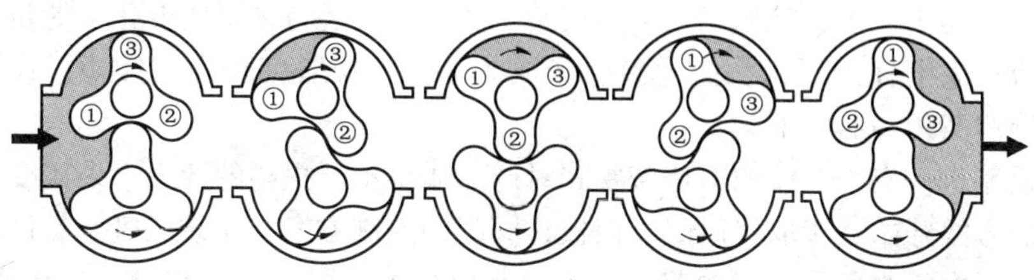

图 3－7　罗茨风机结构

2. 二次方鼓风机

这类鼓风机以离心式鼓风机应用最广，特性最为典型，其结构如图 3－9 所示。当电动机转动时，风机的叶轮随着转动。叶轮在旋转时产生的离心力，将空气从叶轮中甩出，汇集在机壳中，由于速度慢，压力高，空气便从通风机出口排出，流入管道。当叶轮中的空气被排出后，吸气口就形成了负压，吸气

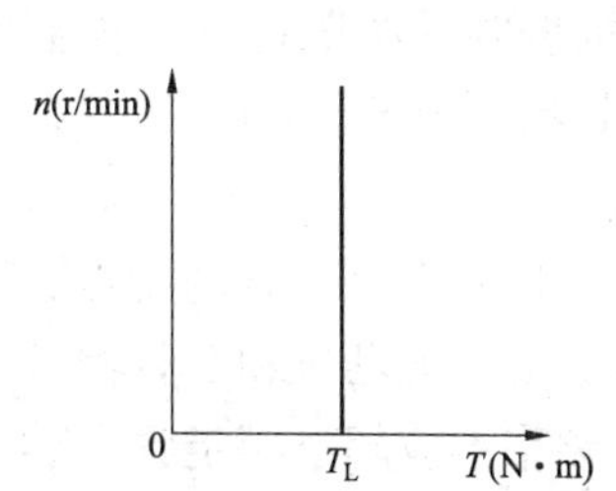

图 3－8　罗茨风机机械特性

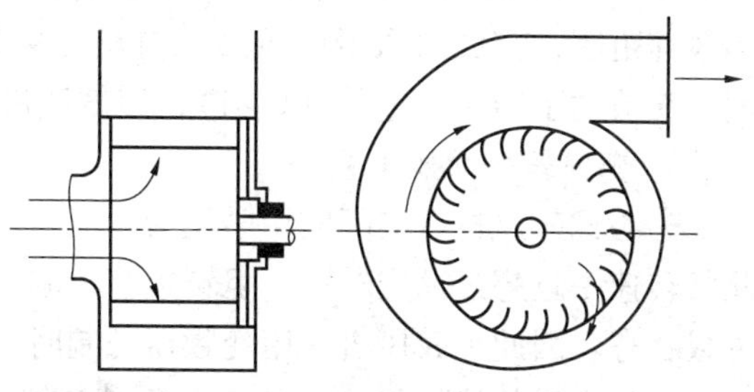

图 3－9　离心式鼓风机

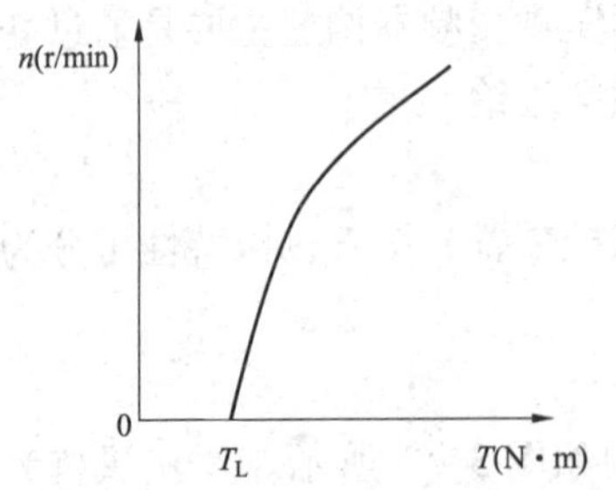

图3－10　离心式风机机械特性

口外面的空气在大气压作用下又被压入叶轮中。因此，在叶轮连续旋转作用下不断排出和补入气体，从而达到连续鼓风的目的。其机械特性为二次方特性，如图3－10所示。

3.2.3　鼓风机的控制

燃料在锅炉中需要一定比例的氧气才能进行充分燃烧。鼓风机的作用就是将空气输送入炉膛，满足燃料燃烧所需氧气。鼓风机送入炉膛的空气量与燃料量比例必须合适，过大、过小都将影响燃料的正常燃烧和锅炉效率。

1. 鼓风机的控制方法

传统的鼓风机控制方式采用调节风门、挡板开度的大小来调整空气量。不论生产的需求大小，鼓风机是全速运转，随着锅炉运行情况的变化，能量由风门节流损失消耗掉了，从而导致生产成本增加，设备使用寿命缩短，设备维护、维修费用高居不下。

近年来，出于节能的迫切需要和对产品质量不断提高的要求，采用变频器驱动的方案开始逐步取代风门、挡板、阀门的控制方案。在鼓风机变频调速的过程中，由于避免了风门的节流损失，节电显著，同时，因实现了自动调节，改善了燃烧过程，提高了锅炉效率。由于送风量的调节比较复杂，可以采用人工方法进行变频器的频率设定工作。人工调节的方法是系统作为开环控制，根据给煤量的大小，进行数字或模拟量（外接电位器）控制。人工方法虽然不如自动调节理想，但也能起到满意的效果。

鼓风机自动变频调节变风量的控制过程为：根据含氧量的测定或炉膛温度的测量，将测量信号变为电压、电流信号，通过PID调节器进行测量值与设定值的比较，由变频器控制鼓风机变频调速，保障烟气氧量稳定在燃料燃烧要求的最佳范围，完成送风量的调节。自动变频鼓风机控制系统既提高了控制精度，又节约了能源（电能和燃料），使鼓风机控制具有一定的合理性。

2. 变频器的功能设置

离心式鼓风机在实际应用中最为广泛，其机械特性具有二次方的特点，因此其转速一旦超过额定转速，阻转矩将大幅增大，容易使电动机和变频器处于过载状态。因此，鼓风机采用变频器控制时，上限频率不应超过额定频率。

由于风机的惯性较大，加速时间或减速时间过短，将引起过电流或过电压。因此，变频器的加速时间和减速时间应预置得长一些。变频器的加速方式

和减速方式采用半 S 方式较好。

◎ [实战演练]

3.2.4 训练内容

采用 PLC 和变频器对图 3－11 锅炉鼓风机系统进行控制。

(1) 控制系统要能在变频和工频两种控制情况下进行控制。

(2) 工频/变频转换开关 SA 在工频位置时，按下起动按钮 SB1，KM3 通电，电动机在工频情况下运行；按下停止按钮 SB2，电动机停止运行。

(3) 工频/变频转换开关 SA 在变频位置时，按下起动按钮 SB1，KM1 和 KM2 通电，电动机在变频情况下运行；按下停止按钮 SB2，电动机停止运行。

(4) 变频器频率由温度传感器测定信号后，经过 PID 调节器进行控制。

(5) 当变频器出现故障后，锅炉鼓风机自动停止变频运行，5s 后转入工频运行，同时报警灯亮。故障排除后，按下复位按钮 SB3，报警指示灯灭，锅炉鼓风机停止工频运行，5s 后转入变频运行。

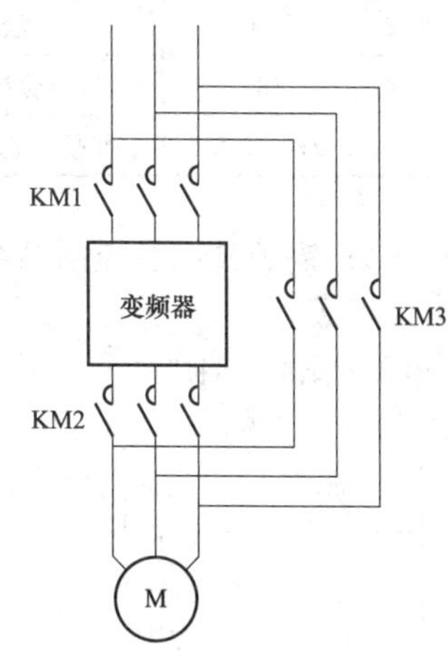

图 3－11 锅炉鼓风机控制系统

3.2.5 设备、工具和材料准备

(1) 工具。电工工具 1 套，电动工具及辅助测量用具等。

(2) 仪表。MF—500B 型万用表、数字万用表 DT9202、5050 型绝缘电阻表、频率计、测速表各一个。

(3) 器材。西门子 MM430 变频器、风机电动机、西门子 S7—300 型 PLC 和编程软件，其他辅助用按钮、交流接触器、导线等若干。

3.2.6 操作步骤

1. 根据系统控制要求进行 PLC、变频器设计同时进行系统控制接线

(1) PLC 的 I/O 接口分配见表 3－4。

表 3－4　　S7—300 PLC 的 I/O 接口分配表

输入			输出		
输入地址	元件	作用	输出地址	元件	作用
I0.0	SB1	起动按钮	Q0.0	5 端	变频器运行

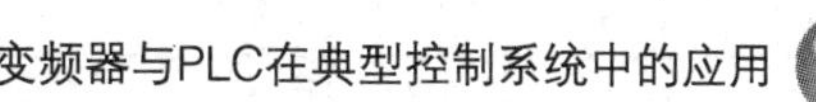

续表

输　　入			输　　出		
输入地址	元件	作　　用	输出地址	元件	作　　用
I0.1	SB2	停止按钮	Q0.1	KA1	变频器变频运行
I0.2	SA	工频转换	Q0.2	KA2	变频器工频运行
I0.3	SA	变频转换	Q0.3	HL	变频器故障指示灯
I0.4	SB3	复位按钮			
I0.5	21、22端	变频器故障输出			

（2）锅炉鼓风机控制系统PLC参考程序如图3－12所示。

OB1："锅炉鼓风机"。

程序段1　标题：

I0.0　I0.2　I0.1　Q0.1　I0.4　Q0.2
Q0.2
T1

程序段2　标题：

I0.3　I0.5　M0.1　Q0.2　Q0.1

程序段3　标题：

Q0.1　I0.0　I0.1　I0.3　I0.5　Q0.0
Q0.0
T2

程序段4　标题：

I0.5　I0.3　I0.4　Q0.3
Q0.3　T1
(SD)
S5T#2S

图3－12　锅炉鼓风机控制系统PLC参考程序（一）

程序段5　标题：

程序段6　标题：

图3－12　锅炉鼓风机控制系统PLC参考程序（二）

（3）锅炉鼓风机控制系统变频器参数设置，见表3－5。

表3－5　　锅炉鼓风机控制系统MM430变频器参数设置表

参数号	设定值	说　明
P0003	3	用户访问所有参数
P0100	0	功率以kW表示，频率为50Hz
P0304	380	电动机额定电压（V）
P0305	3	电动机额定电流（A）
P0307	75	电动机额定功率（kW）
P0309	0.94	电动机额定效率（%）
P0310	50	电动机额定频率（Hz）
P0311	2950	电动机额定转速（r/min）
P0700	2	命令由端子排输入
P0702	1	端子DIN1功能为ON接通正转
P0756	0	单极性电压输入（0～+10V）
P1000	2	频率设定通过外部模拟量给定
P1080	10	电动机运行的最低频率（Hz）
P1082	50	电动机运行的最高频率（Hz）
P1120	5	加速时间（s）
P1121	5	减速时间（s）

（4）锅炉鼓风机控制系统的元件布置图如图3－13所示，系统原理如图

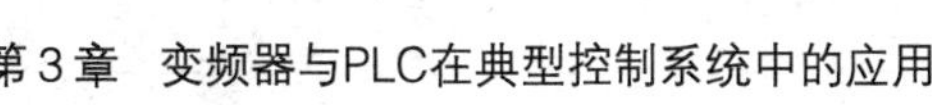

3－14 所示。

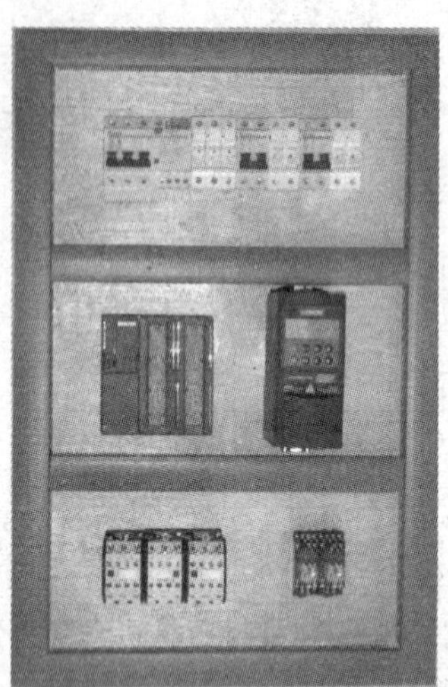

图 3－13　锅炉鼓风机控制调速系统布置图

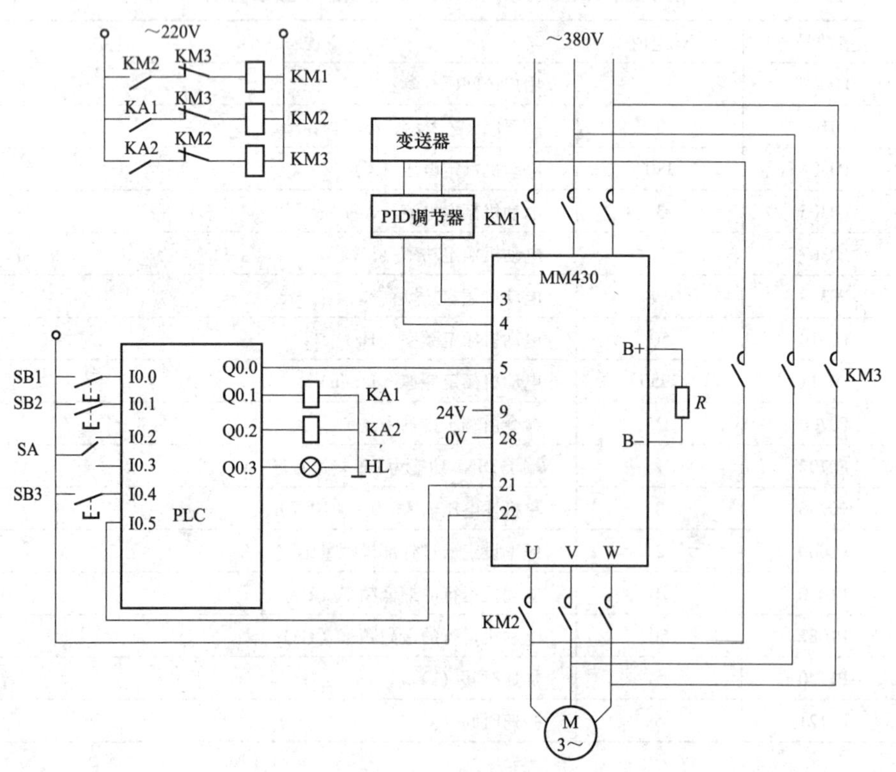

图 3－14　锅炉鼓风机控制变频调速系统原理图

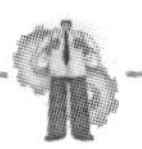

2. 系统的安装接线及运行调试

（1）首先将主、控回路按图3－11和图3－14进行连线，并与实际操作中情况相结合。

（2）经检查无误后方可通电。

（3）在通电后不要急于运行，应先检查各电气设备的连接是否正常，然后进行单一设备的逐个调试。

（4）按照系统要求进行PLC程序的编写并传入PLC内，并进行模拟运行调试，观察输入和输出点是否和要求一致。

（5）按照系统要求进行变频器参数的设置。

（6）对整个系统统一调试，包括安全和运行情况的稳定性。

（7）在系统正常情况下，按下合闸按钮，就开始按照控制要求运行调试。根据程序调节模拟量输入，从而调节变频器控制锅炉鼓风机控制系统电动的转速，从而实现锅炉鼓风机的变频调速自动控制。

3. 注意事项

（1）线路必须检查清楚才能上电。

（2）在系统运行调整中要有准确的实际记录，是否温度变化范围小，运行是否平稳，及节能效果如何。

（3）对运行中出现的故障现象准确的描述分析。

（4）注意在恒压供水控制时不得长期超负荷运行，否则电动机和变频器将过载而停止运行。

（5）在运行过程中要认真观测恒压供水控制系统的变频自动控制方式及特点。

◎［自我训练］

3.2.7 锅炉鼓风机变频控制训练

结合本项目用PLC和变频器组合对简易废物焚烧设备进行设计、安装与调试。

1. 任务要求

有一简易垃圾焚烧设备，由三台电动机控制，分别为送料、鼓风和引风电动机。其中引风电动机和鼓风机要求变频调速，送料电机不需变频调速，但要求5min进行加一次料，加料时间为1min。系统工作30min停止加料并将引风和鼓风调至最小（引风变频器工作在8Hz，鼓风变频器工作在5Hz），进行系统排渣，10min后，自动按原要求进行恒温控制。系统示意如图3－15所示。

（1）系统启动时，温度也随之上升，在控制初期由于温度较低，引风机和鼓风机都要全速运行，随着温度上升与设定温度的接近，引风机和鼓风机逐

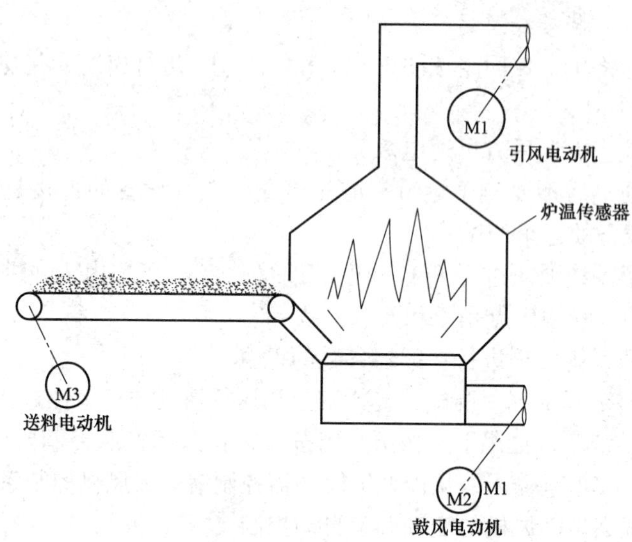

图 3－15　系统示意图

渐减小风量，但炉内应时刻保证负压生产，即引风量应时刻大于鼓风量。

（2）温度传感器可连接温度变送器，将其转换成标准的 4～20mA 并传送给变频器进行调速控制。

（3）对系统设计时，要设计出有必要的安全保护措施。温度的上下限控制可有变频器输出触点进行系统自动控制。

（4）按下停止按钮，送料和鼓风电动机立即停止，而引风电动机维持最低转速，10s 后方可停机。

2. 任务要求

（1）电路设计：根据任务，设计主电路图，列出 PLC 控制 I/O 口（输入/输出）元件地址分配表，根据加工工艺，设计梯形图并绘制 PLC、变频器接线图。

（2）安装与接线紧固、美观。

3.3 离心机变频控制系统

学习目的

1. 掌握离心机控制系统的基本原理和实际应用。
2. 掌握离心机控制系统中变频器的参数设置及其控制方法。
3. 掌握离心机控制系统中 PLC 和变频器结合使用的方法。

◎［基础知识］

在工业控制中，离心机应用非常广泛。离心机利用离心力的原理，可将液体与固体颗粒分开；将液体与液体的混合物分开；将固体中的液体排除甩干；将固体按密度不同分级。离心机大量应用于石油、化工、制药、食品、选矿、煤炭、水处理、纺织等部门。

3.3.1 离心机原理

离心机有一个绕本身轴线高速旋转的圆筒，称为转鼓。通常电动机驱动转鼓，悬浮液进入转鼓后与转鼓同速旋转，在离心力作用下分离，并分别排出。通常，转鼓转速越高，分离效果也越好。离心分离机的原理有离心过滤和离心沉降两种。离心过滤是使悬浮液在离心力的作用下，使液体通过过滤介质成为滤液，而固体颗粒被截留在过滤介质表面，从而实现液—固分离；离心沉降是将悬浮液密度不同的成分，在离心力场中迅速沉降分层，实现液—固（或液—液）分离。

3.3.2 离心机的分类

（1）按物料在离心力场中所受的离心力，与物料在重力场中所受到的重力之比值分。可将离心机分为以下几种型式：

1）常速离心机，这种离心机的转速较低，直径较大。

2）高速离心机，这种离心机的转速较高，一般转鼓直径较小，而长度较长。

3）超高速离心机，由于转速很高（50 000r/min 以上），所以转鼓做成细长管式。

（2）按操作方式，可将离心机分为以下型式：

1）间隙式离心机，其加料、分离、洗涤和卸渣等过程都是间隙操作，并采用人工、重力或机械方法卸渣，如三足式和上悬式离心机。

2）连续式离心机，其进料、分离、洗涤和卸渣等过程，有间隙自动进行和连续自动进行两种。

（3）按卸渣方式，可将离心机分为刮刀卸料离心机、活塞推料离心机、螺旋卸料离心机、离心力卸料离心机、振动卸料离心机和颠动卸料离心机。

（4）按工艺用途，可将离心机分为过滤式离心机、沉降式离心机和离心分离机。

（5）按安装的方式，还可将其分为立式、卧式、倾斜式、上悬式和三足式等。

从分离机械的发展来看，数字交流变频器将替代原来的电磁调速、直流调速、液力耦合调速、多速电动机，而逐步成为分离机械的主要驱动装置。变频器驱动离心机的转鼓，启动平稳，分离因数可调，彻底克服了传统直流电刷式离心机噪声大、故障率高、使用寿命短、转速不稳定等缺点，是重力沉降分离设备更新换代产品。

3.3.3 离心机的变频器控制

1. 变频器的选择

变频器的容量应大于负载所需的输出，变频器的容量不低于电动机的容量，变频器的电流大于电动机的电流。离心机是运转速度较高的大惯性负载，在停车时为防止因惯性而产生的回馈制动，使泵升电压过高的现象，需加入制动电阻，限制回馈电流，并且将斜坡下降时间设定长一些。

2. 变频器调试时需注意的问题

（1）离心机负载启动转矩要求较高，启动非常困难，所以一定要将变频器的 U/f 优化设置成自动转矩提升。启动时如果因为瞬间启动电流过大而报警可以通过电动机自辨识的方法来解决。

（2）离心机惯性大，减速时如果出现过压报警，可以适当延长减速时间来解决此问题。

◎ ［实战演练］

3.3.4 训练内容

采用 PLC 和变频器对水泥厂的离心机系统进行控制。

在水泥厂的电杆成型控制过程中，电动机带动钢模旋转产生的离心力，混凝土远离旋转中心产生沉降，并分布于杆模四周；当速度继续升高时，离心力使混凝土混合物中的各种材料颗粒沿离心力的方向挤向杆壁四周均匀密实成型。电杆离心成型的工艺步骤分为三步：低速阶段，使混凝土分布于钢模内壁四周。中速阶段，防止离心过程混凝土结构受到破坏，向高速阶段短时过渡。高速阶段，将混凝土沿离心力方向挤向内模壁四周，达到均匀密实成型，并排除多余水分。各阶段运行速度图如图 3－16 所示。

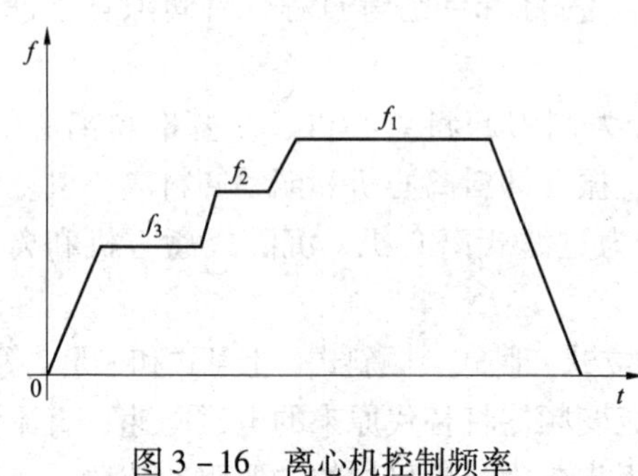

图 3－16 离心机控制频率

控制要求如下：

（1）按下合闸按钮，变频器电源接触器 KM 闭合，变频器通电；按下分闸按钮，变频器电源接触器 KM 断开，变频器断电。

（2）操作工发出指令，PLC 发出指令，变频器由 0Hz 开始提速，

提速至固定频率20Hz电动机低速运行。

（3）电动机低速运行2min后，由PLC发出中速指令，变频器的固定频率改为30Hz，电动机以中速运行。

（4）电动机中速运行0.5min后，由PLC发出高速指令，变频器的固定频率改为50Hz，电动机以高速运行，6min工作过程结束。

3.3.5 设备、工具和材料准备

（1）工具。电工工具1套，电动工具及辅助测量用具等。

（2）仪表。MF—500B型万用表、数字万用表DT9202、5050型绝缘电阻表、频率计、测速表各一个。

（3）器材。西门子MM440变频器、电动机、西门子S7—300型PLC和编程软件，其他辅助用按钮、交流接触器，导线等若干。

3.3.6 操作步骤

1. 根据系统控制要求进行PLC、变频器设计同时进行系统控制接线

（1）PLC的I/O接口分配见表3－6。

表3－6　　S7—300 PLC的I/O接口分配表

输　入			输　出		
输入地址	元件	作　用	输出地址	元件	作　用
I0.0	SB1	主接触器通电	Q0.0	5	低速运行
I0.1	SB2	主接触器断电	Q0.1	6	中速运行
I0.3	SB3	操作启动	Q0.2	7	高速运行
			Q0.3	16	变频器运行起动
			Q0.5	KA	KM通电

（2）离心机控制系统PLC参考程序如图3－17所示。

OB1："离心机"。

程序段1　标题：

图3－17　离心机控制系统PLC参考程序（一）

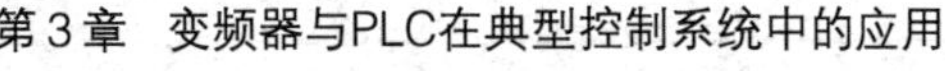

程序段 2　标题：

I0.2　Q0.5　T3　Q0.3
( )
Q0.3

程序段 3　标题：

Q0.3　T1
(SD)
S5T#2M
T2
(SD)
S5T#30S
T3
(SD)
S5T#6M

程序段 4　标题：

Q0.3　T1　Q0.0
( )

程序段 5　标题：

T1　T2　Q0.1
( )

程序段 6　标题：

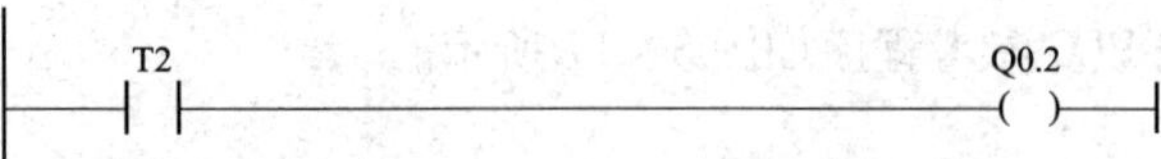

图 3－17　离心机控制系统 PLC 参考程序（二）

（3）离心机控制系统变频器参数设置，见表 3－7 所示。

表 3－7　　离心机控制系统 MM440 变频器参数设置表

参数号	设定值	说　　明
P0003	3	用户访问所有参数
P0100	0	功率以 kW 表示，频率为 50Hz

续表

参数号	设定值	说　明
P0300	1	电动机类型选择（异步电动机）
P0304	380	电动机额定电压（V）
P0305	3	电动机额定电流（A）
P0307	37	电动机额定功率（kW）
P0308	0.87	电动机额定功率因数
P0309	0.925	电动机额定效率（%）
P0310	50	电动机额定频率（Hz）
P0311	1480	电动机额定转速（r/min）
P0700	2	命令由端子排输入
P0701	16	端子 DIN1 选择固定频率 1 运行
P0702	16	端子 DIN2 选择固定频率 2 运行
P0703	16	端子 DIN3 选择固定频率 3 运行
P0705	1	端子 DIN5 控制变频器启/停
P1000	3	频率设定选择固定频率设定值
P1001	20	固定频率 1（Hz）
P1002	30	固定频率 2（Hz）
P1003	50	固定频率 3（Hz）
P1080	10	电动机运行的最低频率（Hz）
P1082	50	电动机运行的最高频率（Hz）
P1120	5	加速时间（s）
P1121	20	减速时间（s）

（4）离心机控制系统的元件布置图如图 3－18 所示，系统原理如图 3－19 所示。

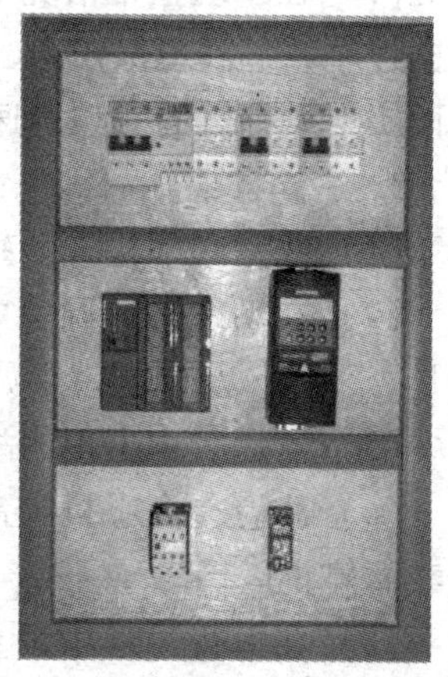

图 3－18　离心机控制调速系统布置图

2. 系统的安装接线及运行调试

（1）首先将主、控回路按图 3－19 进行连线，并与实际操作中情况相结合。

（2）经检查无误后方可通电。

（3）在通电后不要急于运行，应先检查各电气设备的连接是否正常，然后进行单一设备的逐个调试。

（4）按照系统要求进行 PLC 程序的编写并传入 PLC 内，并进行模拟运行调试，观察输入和输出点是否和要求一致。

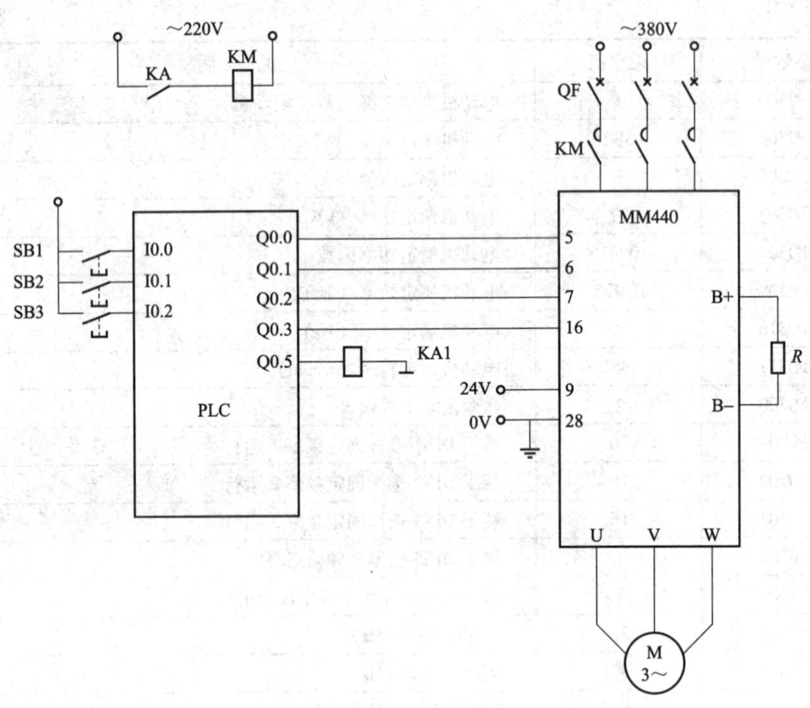

图 3－19 离心机控制变频调速系统原理图

（5）按照系统要求进行变频器参数的设置。

（6）对整个系统统一调试，包括安全和运行情况的稳定性。

（7）在系统正常情况下，按下合闸按钮，就开始按照控制要求运行调试。根据程序调节模拟量输入，从而调节变频器控制离心机控制系统电动的转速，从而实现离心机的变频调速自动控制。

3. 注意事项

（1）线路必须检查清楚才能上电。

（2）在系统运行调整中要有准确的实际记录，是否转速变化范围小，运行是否平稳，及节能效果如何。

（3）对运行中出现的故障现象准确的描述分析。

（4）注意在离心机控制时不得长期超负荷运行，否则电动机和变频器将过载而停止运行。

（5）在运行过程中要认真观测离心机控制系统的变频自动控制方式及特点。

◎ [自我训练]

3.3.7 工业洗衣机控制的训练

利用由 PLC 和变频器配合实现工业洗衣机的控制。

1. 用 PLC 和变频器配合进行工业洗衣机的控制

（1）PLC 送电，系统进入初始状态，准备好启动。启动时开始进水。水位到达高水位时停止进水，并开始洗涤正转。

（2）洗涤正转 15s，暂停 3s；洗涤反转 15s 后，暂停 3s 为一次小循环，若小循环不足 3 次，则返回洗涤正转；若小循环达到 3 次，则开始排水。

（3）水位下降到低水位时开始脱水并继续排水。脱水 10s 即完成一次大循环。

（4）大循环不足 3 次，则返回进水，进行下一次大循环。若完成 3 次大循环，则进行洗完报警。报警后 10s 结束全部过程，自动停机。

2. 任务要求

（1）电路设计：根据任务，列出 PLC 控制 I/O 口（输入/输出）元件地址分配表，根据控制要求，设计梯形图及绘制 PLC、变频器接线图，并设计出有必要的电气安全保护措施。

（2）安装与接线要紧固、美观，耗材要少。

3.4 刨床变频控制系统

学习目的

1. 掌握刨床主拖动系统的电气控制要求。
2. 掌握应用变频器进行刨床主拖动系统的改造。
3. 掌握面板参数设置和外端子操作的控制运行。

◎ [基础知识]

3.4.1 龙门刨床

图 3－20 所示为龙门刨床示意图，龙门刨床作为机械工业中的主要工作机床之一，在工业生产中占有重要的地位。其生产工艺主要是刨削（或磨削），加工大型、狭长的机械零件，龙门刨电气控制系统主要是控制工作台，也是它的主拖动系统，控制目标是工作台的自动往复运动和调速。我国现行生产的龙门刨床其主拖动方式以直流发电机—电动机组及晶闸管—电动机系统为主，以 A 系列龙门刨床为例，它采用电磁扩大机作为励磁调节器的直流发电机—电动

机系统，通过调节直流电动机电压来调节输出速度，并采用两级齿轮变速箱变速的机电联合调节方法。其主运动为刨台频繁的往复运动，在往复一个周期中，对速度的控制有一定要求，如图 3－21 所示。

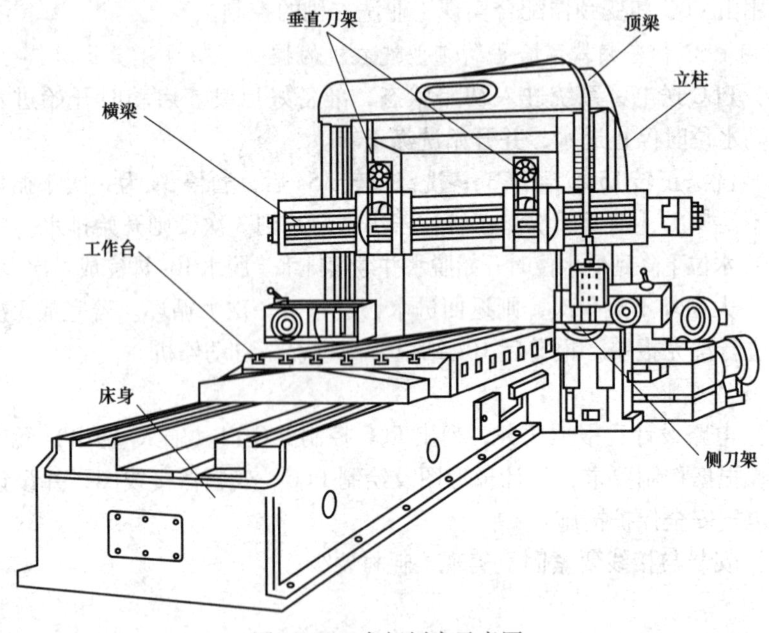

图 3－20　龙门刨床示意图

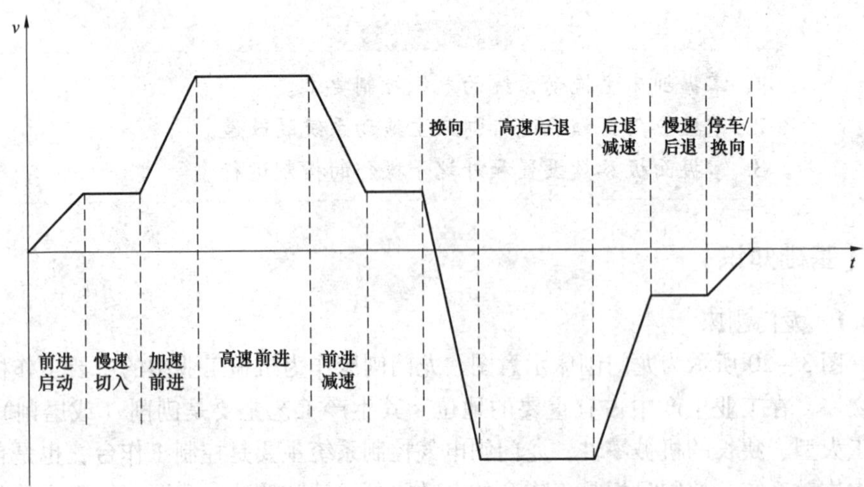

图 3－21　工作台运行速度示意图

由图 3－21 可知在一个完整的工作周期中工作台速度的变化过程，具体频

率变化要求是：

（1）慢速切入/前进减速：25Hz；

（2）高速前进：45Hz；

（3）高速后退：50Hz；

（4）慢速后退：20Hz。

但传统的控制方式拖动电路的电动机较多，控制繁杂，维护、检修困难。在实际中，龙门刨床的电路一直被作为考核技师的难题之一。随着工业自动化的发展，变频器、PLC 在工厂设备改造中的广泛使用，本任务便是应用变频器与 PLC 配合使用对龙门刨床进行改造。

◎［实战演练］

3.4.2 训练内容

分析龙门刨床主拖动系统的控制要求后可知，在加工过程中工作台经常处于启动、加速、减速、制动、换向的状态，也就是说工作台在不同的阶段需要在不同的转速下运行，为了方便完成这种控制要求，大多数变频器都提供了多段速的控制功能。它是通过几个开关的通、断组合来选择不同的运行频率。而这些动作是由安装在龙门刨床身一侧的前进减速/换向行程开关与后退减速/换向行程开关，以及安装在同侧的撞块与压杆相碰作为发出信号而动作的。这些信号都应作为 PLC 输入量，经梯形图程序进行逻辑处理后，PLC 的输出量按既定的各种变化组合作为变频器的外部数字输入量。

要想完成本任务，需要掌握 MICROMASTER 420 系列变频器中与多级速相关参数的设置及如何将 PLC 与变频器配合起来完成控制要求。

1. S7—200PLC I/O 分配

根据任务分析，对输入量、输出量进行分配如下：

输入量		输出量	
启动/停止开关（SA）	I0.0	起停功能（DIN4）	Q0.4
前进减速行程开关（SQQJ）	I0.1	四速功能（DIN1）	Q0.1
前进换向行程开关（SQQH）	I0.2	四速功能（DIN2）	Q0.2
前进限位行程开关（SQQX）	I0.3	四速功能（DIN3）	Q0.3
后退减速行程开关（SQHJ）	I0.4		
后退换向行程开关（SQHH）	I0.5		
后退限位行程开关（SQHX）	I0.6		

2. 绘制变频器与 PLC 联机硬件接线图

根据控制要求及 I/O 分配，绘制变频器与 PLC 硬件接线图（如图 3－22

所示），以保证硬件接线操作正确。

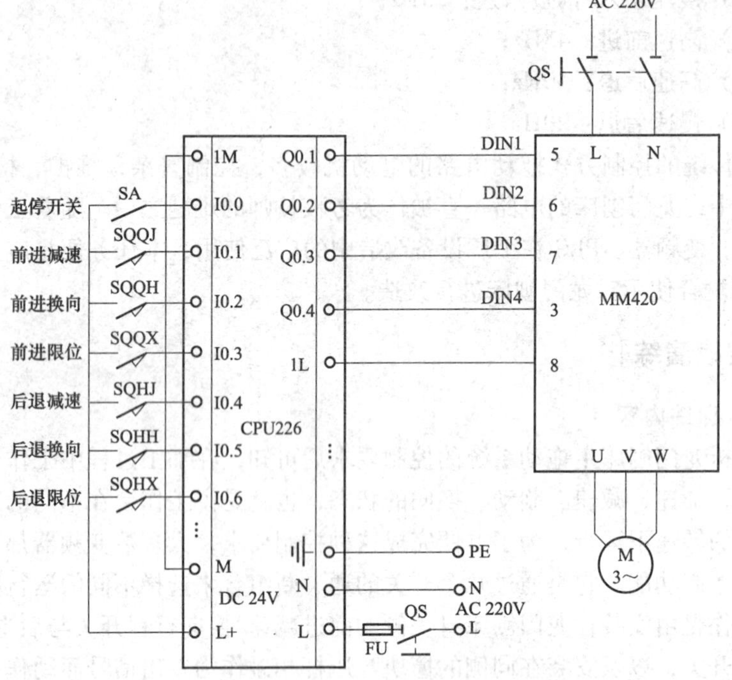

图 3－22　变频器与 PLC 联机硬件接线图

3. 设计梯形图程序

根据控制要求绘制顺序功能图并设计梯形图，如图 3－23 所示。

4. 设置变频器参数

首先恢复出厂设置，如需要根据电动机铭牌改变电动机参数则进行快速调试。根据控制要求，设置相关参数。各参数设置的数值及步骤见表 3－8。

表 3－8　　各参数设置的数值及步骤

参数代码	功　能	设 定 数 据
P0003	访问级	3
P0010	工厂设置	0
P1000	频率选择设为固定频率设定	3
P0700	选择命令源	2
P0704	设定数字输入端 4	1
P0701	设定数字输入端 1	17
P0702	设定数字输入端 2	17
P0703	设定数字输入端 3	17

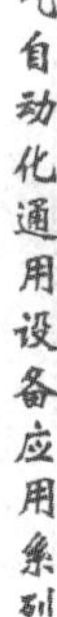

续表

参数代码	功　　能	设　定　数　据
P1001	设定固定频率 1（Hz）	25
P1002	设定固定频率 2（Hz）	45
P1003	设定固定频率 3（Hz）	-50
P1004	设定固定频率 4（Hz）	-20

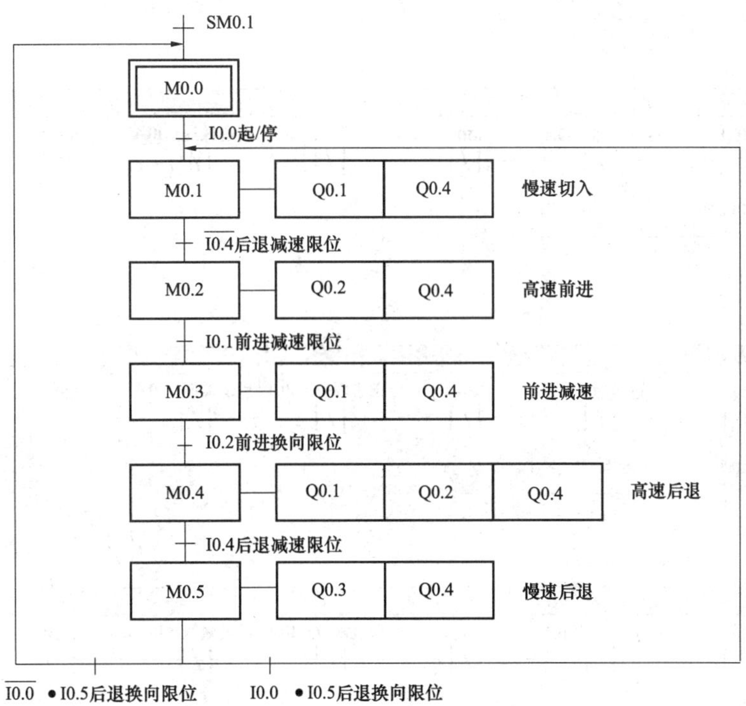

(a)

网络 1

变频器在刨床主拖动系统中的应用

SM0.1　M0.1　M0.0

M0.5　启停开关：I0.0　后退换向：I0.5

M0.0

图 3-23　刨床主拖动线路改造顺序功能图与梯形图（一）

（a）顺序功能图

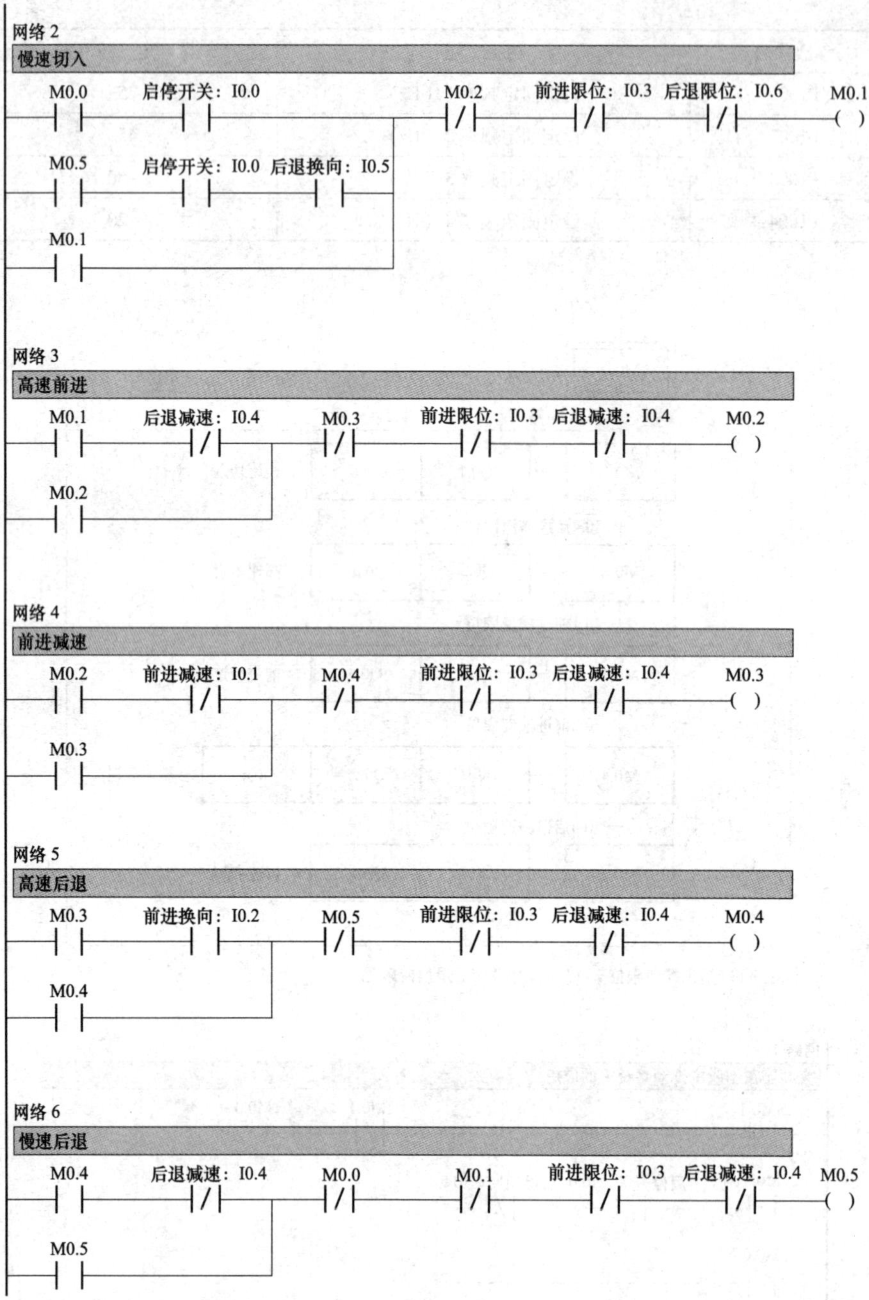

网络 2

慢速切入

网络 3

高速前进

网络 4

前进减速

网络 5

高速后退

网络 6

慢速后退

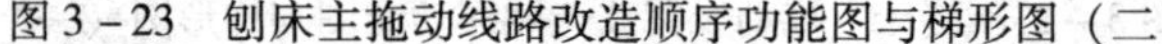

图 3－23　刨床主拖动线路改造顺序功能图与梯形图（二）

网络 7

对变频器数字输入端4的控制

M0.1, M0.2, M0.3, M0.4, M0.5（并联）—— DIN4:Q0.4 ( )

网络 8

对变频器数字输入端1的控制

M0.1, M0.3, M0.4（并联）—— DIN1:Q0.1 ( )

网络 9

对变频器数字输入端2的控制

M0.2, M0.4（并联）—— DIN2:Q0.2 ( )

网络 10

对变频器数字输入端3的控制

M0.5 —— DIN3:Q0.3 ( )

(b)

图 3－23　刨床主拖动线路改造顺序功能图与梯形图（三）

（b）梯形图

3.4.3　设备、工具和材料准备

（1）工具。电工工具 1 套。

（2）仪表。MF—500B 型万用表、数字万用表 DT9202、5050 型绝缘电阻表、频率计、测速表各一。

（3）器材。MM420 系列变频器、电动机 1.1kW、按钮、开关、三相空气开关各一。

3.4.4 操作步骤

1. 安装接线及运行调试

（1）首先将主、控回路线连接好。

（2）主、控回路按图 3－21 接线，并与实际操作情况相结合。

（3）经检查无误后方可通电。

（4）将所涉及参数先按要求正确置入变频器：观察 LED 监视器并按表 3－8 所给参数进行设置。

（5）按照系统要求进行 PLC 程序的编写并传入 PLC 内，并进行模拟运行调试，观察输入和输出点是否和要求一致。

（6）对整个系统统一调试，包括安全和运行情况的稳定性。

（7）在系统正常情况下，按下启动按钮，刨床的主拖动系统就开始按照控制要求自动运行。

2. 注意事项

（1）接线完毕后一定要重复认真检查以防错误烧坏变频器，特别是主电源电路。

（2）在接线时变频器内部端子用力不得过猛，以防损坏。

（3）在系统运行调整中要有准确的实际记录，是否温度变化范围小，运行是否平稳，及节能效果如何。

（4）对运行中出现的故障现象准确的描述分析。

◎［自我训练］

3.4.5 恒压供气设计、安装、调试的训练

用 PLC 和变频器组合对恒压供气进行设计、安装与调试。

1. 任务

（1）用两台电动机拖动两台气泵，一台变频器控制一台电动机实现变频调速，另一台工频运行。

（2）如一台气泵变频到 50Hz 压力还不够，则另一台气泵全速运行；当压力超过上限压力时，变频泵速度逐渐下降，当降至最低时如压力还高，切断全速泵，由一台变频泵变频调速控制压力。

（3）变频调速采用传感器输出的 4～20mA 标准信号，反馈给变频器进行

PID 运算调节输出转速控制。

2. 任务要求

(1) 电路设计：根据任务，设计出控制系统主电路图，列出 PLC 控制 I/O 口（输入/输出）元件地址分配表，根据加工工艺，设计梯形图及绘制 PLC、变频器接线图，并设计出有必要的电气安全保护措施。

(2) 安装与接线要紧固、美观，耗材要少。

3.5 卷扬机变频控制系统

学习目的

1. 掌握卷扬机控制系统的基本原理和实际应用。
2. 掌握卷扬机控制系统中变频器的参数设置及其控制方法。
3. 掌握卷扬机控制系统中 PLC 和变频器结合使用的方法。

◎ [基础知识]

卷扬机又叫绞车，是垂直提升、水平或倾斜曳引重物的简单起重机械。广泛应用于建筑、冶金等行业。卷扬机在实际使用中，由于工作负载的不同，其吊钩的工作速度也要进行调节。传统的卷扬机大部分采用串级、直流或转子串电阻的方法进行调速，这些调速方法不仅效率低、控制复杂，而且故障率高。采用变频器控制不但可以解决以上问题，同时还可以使卷扬机的调速范围变宽且连续；低压时变频器的低频补偿功能使卷扬机仍可保持较高的启动转矩；延长电磁抱闸系统的寿命。本节以高炉上料卷扬机为例，结合 PLC 对其进行变频器控制。

3.5.1 料车卷扬机上料工艺简介

在冶金高炉炼铁生产线上，一般把准备好的炉料从地面的储料槽运送到炉顶的生产机械称为高炉上料设备。料车的机械传动系统如图 3-24 所示。

料车卷扬机系统由一台卷扬机拖动两台料车，料车位于轨道斜面上，互为上行、下行。在工作过程中，两个料车交替上料，当装满炉料的左料车上升时，空的右料车下行。左料车上升到炉顶时，卷扬机停止运转，延时后卷扬机反转，右料车装满炉料上行，左料车空车下行。这样，

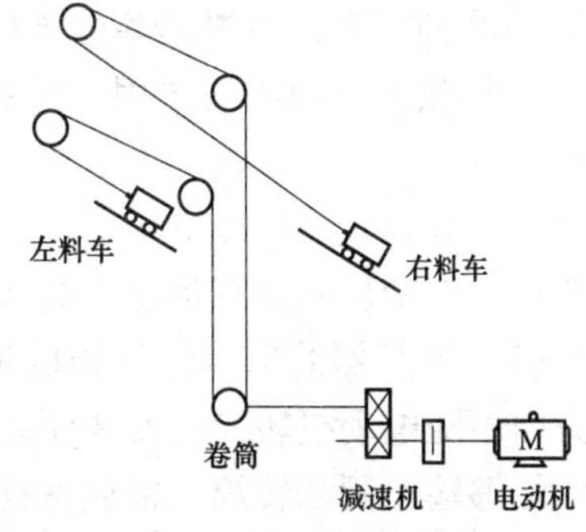

图 3-24 料车机械传动系统图

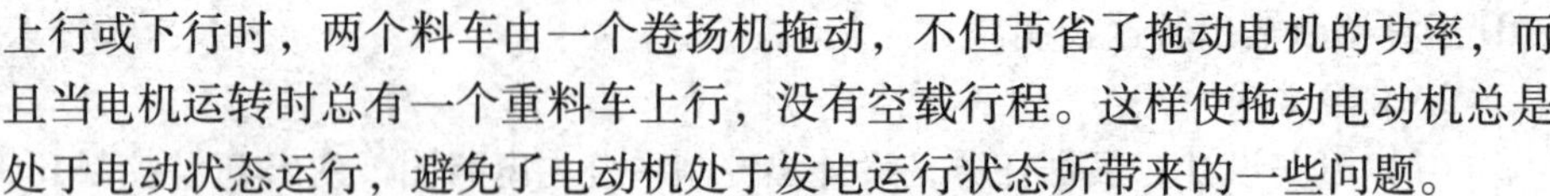

上行或下行时，两个料车由一个卷扬机拖动，不但节省了拖动电机的功率，而且当电机运转时总有一个重料车上行，没有空载行程。这样使拖动电动机总是处于电动状态运行，避免了电动机处于发电运行状态所带来的一些问题。

根据料车的工作过程，卷扬机的工作特点主要有：

（1）能够频繁启动、制动、停车、反转，转速平稳，过渡时间短。

（2）能按照一定的速度运行。系统能做到无级调速，调速范围大、平滑性较高，做到平稳起动——加速——稳定运行——减速——平稳停车。速度控制受负载（空载或满载）影响较小。

（3）调速范围广，一般调速范围为0.5～3.5m/s，目前料车最大线速度可达3.8m/s。

（4）系统工作可靠。料车在进入曲线轨迹段和离开料坑时不能有高速冲击，终点位置能准确停车。在零速时维持大转矩输出，防止料车起动和停车时重载下滑。

3.5.2 变频调速系统设计

1. 工作原理

高炉卷扬上料调速系统采用PLC和变频器对电动机进行控制。信号输入PLC后，PLC结合生产需求发出上行和下行指令给变频器，对卷扬机进行调速运行控制。系统工作时，各种原料经过槽下配料放入料仓，料车到炉底料坑处后，料仓把料放入料车，料车启动，经过加速——匀速——减速1——减速2，到达炉顶。根据料车的运行速度，变频器的频率曲线如图3－25所示。

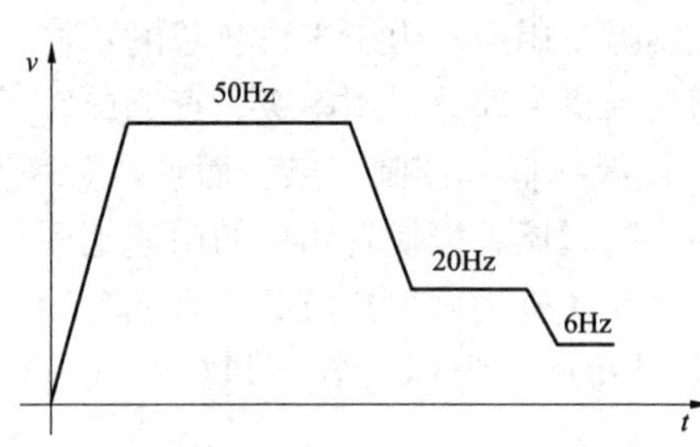

图3－25 卷扬机变频器频率曲线

2. 变频器系统主要设备的选择

（1）交流电动机的选用。炼铁高炉主卷扬机变频调速拖动系统在选择交流异步电动机时，应选用冶金专用的变频调速异步电动机。这种电动机的承载能力强；有独立的风冷机构。同时还需要考虑电动机在低频时有效转矩必须满足要求；电动机必须有足够大的启动转矩来确保重载启动。

（2）变频器的选择。卷扬机是位能性负载的生产机械设备，其负载转矩的方向不随电动机转向的改变而改变。因此，要求调速装置在下放重载时，电动机能够输出制动转矩。根据卷扬机的使用场合和实际运行中所带负载情况，可采用西门子的MM440系列变频器。该变频器采用高性能的矢量控制技术，

具有超强的过载能力，同时可提供低速高转矩输出和良好的动态特性。

变频器的过载能力通常为变频器额定电流的 1.5 倍，这只对电动机的起动或制动过程才有意义，不能作为变频器选型时的最大电流。因此，所选择的变频器容量应比变频器说明书中的“配用电动机容量”大一挡至二挡；且应具有无反馈矢量控制功能，使电动机在整个调速范围内，具有真正的恒转矩，满足负载特性要求。

变频器从 0Hz 开始加速，通过斜坡时间至全速，已经实现了对电动机的软起动，考虑到卷扬机钢丝绳的伸缩以及减速机的齿轮缝隙影响，在加速开始时，加入圆弧曲线，从而进一步减小对机械部分的冲击。

（3）PLC 的选择。可编程序控制器可选用西门子 S7—300，这种型号的 PLC 是一种通用型 PLC，能适合自动化工程中的各种场合。S7—300 基于模块化、采用无风扇结构设计，配置灵活、安装简单、维护容易、扩展方便。

（4）空载调试。料车在空载下行时，变频器将引起过电压，这是由于电动机下降过程中的再生能量造成，可重新调整两台料车的配重之后，变频器正常。

（5）料车运行保护。所有使用卷扬上料的厂家，最担心的就是料车失控，产生飞车事故。一旦出现此类事故，所造成的停产时间和损失都无法估算，为避免这样的事故发生，可以采取松绳检测保护。有松绳现象出现时，松绳开关会立刻给 PLC 发出信号，PLC 收到松绳信号以后，立刻发出停车命令，并同时给抱闸系统发出命令，立即关闭报闸装置，以防止料车下滑。

◎［实战演练］

3.5.3 训练内容

有一台高炉卷扬上料控制系统，需进行 PLC 和变频器配合进行自动控制，控制要求如下：

（1）按下合闸按钮，变频器电源接触器 KM 闭合，变频器通电；按下分闸按钮，变频器电源接触器 KM 断开，变频器断电。

（2）操作工发出左料车上行指令，开启抱闸。

（3）主令控制器 K1 闭合至 PLC，变频器由 0Hz 开始提速，提速至固定频率 50Hz 电动机全速运行。

（4）随着料车运行，主令控制器 K2 闭合至 PLC，由 PLC 发出中速指令，变频器的固定频率改为 20Hz，电动机以中速运行。

（5）当主令控制器的 K3 闭合时，由 PLC 发出低速指令，变频器的固定频率改为 6Hz，电动机以低速运行。

(6) 当左运料车触到左车限位开关时，说明料车已经达到终点，变频器封锁输出，同时关闭机械抱闸，左料车送料完毕。

(7) 延时5s后，开启抱闸，电动机反转。右料车上行，主令控制器K4、K5、K6分别顺序闭合，右料车依次以高速、中速、低速运行到右限位开关，关闭机械抱闸，右料车送料完毕。

(8) 5s后，左料车上行重复上述过程。

(9) 按下停止按钮，运料小车停止运行。

(10) 为保证系统安全，系统要有急停保护、松绳保护、变频器故障保护。

3.5.4 设备、工具和材料准备

(1) 工具。电工工具1套，电动工具及辅助测量用具等。

(2) 仪表。MF—500B型万用表、数字万用表DT9202、5050型绝缘电阻表、频率计、测速表各一个。

(3) 器材。西门子MM440变频器、电动机37kW 、西门子S7—300型PLC和编程软件，其他辅助用按钮、位置开关及交流接触器、导线等若干。

3.5.5 操作步骤

1. 根据系统控制要求进行PLC、变频器设计同时进行系统控制接线

(1) PLC的I/O接口分配见表3-9。

表3-9　　S7—300 PLC的I/O接口分配表

输入			输出		
输入地址	元件	作用	输出地址	元件	作用
I0.0	SB1	主接触器合闸按钮	Q0.0	KA1	合闸继电器
I0.1	SB2	主接触器分闸按钮	Q0.1	5端	左料车上行
I0.2	SB3	左料车上行按钮	Q0.2	6端	右料车上行
I0.3	SB4	右料车上行按钮	Q0.3	7端	高速运行
I0.4	SB5	停车按钮	Q0.4	8端	中速运行
I0.5	K1	左料车高速上行	Q0.5	16端	低速运行
I0.6	K2	左料车中速上行	Q0.6	HB	工作电源指示
I0.7	K3	左料车低速上行	Q0.7	HR	故障灯指示
I1.0	K4	右料车高速上行	Q1.0	BL	故障报警
I1.1	K5	右料车中速上行	Q1.1	KA2	抱闸继电器
I1.2	K6	右料车低速上行			
I1.3	SQ1	左料车限位开关			
I1.4	SQ2	右料车限位开关			

续表

输入			输出		
输入地址	元件	作用	输出地址	元件	作用
I1.5	SE	急停			
I1.6	K7	松慢保护开关			
I1.7	19、20 端	变频器故障保护输出 19、20			

（2）高炉卷扬上料系统 PLC 参考程序如图 3－26 所示。

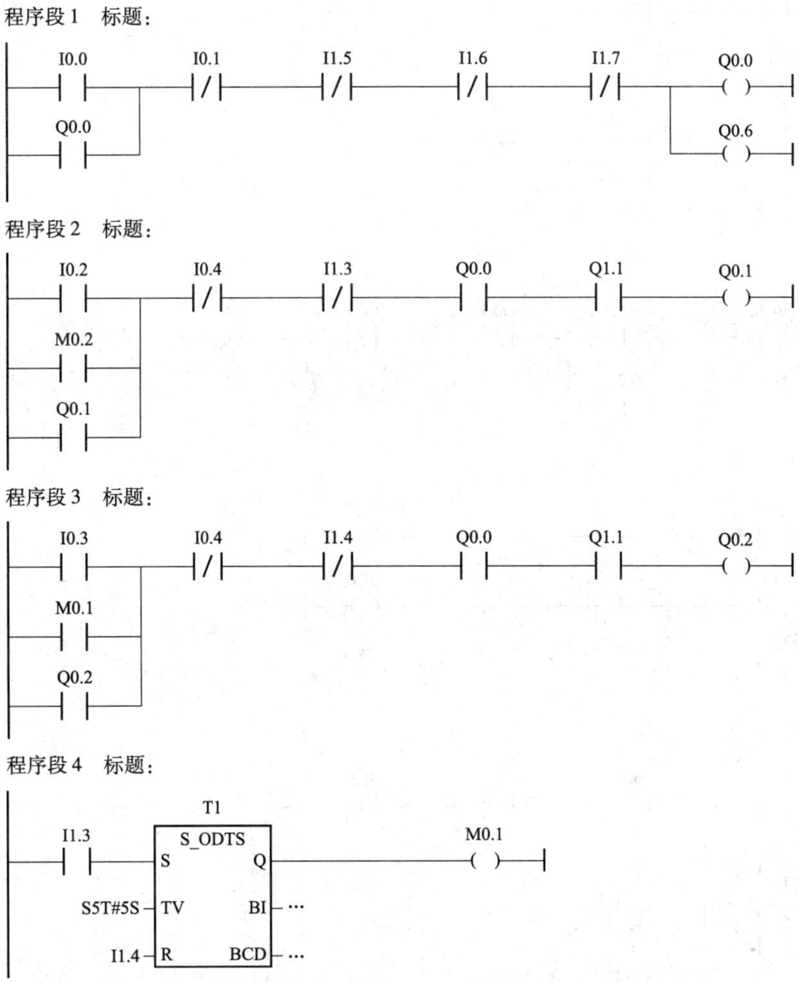

程序段 1　标题：

程序段 2　标题：

程序段 3　标题：

程序段 4　标题：

图 3－26　高炉卷扬上料系统 PLC 参考程序（一）

程序段 5　标题：

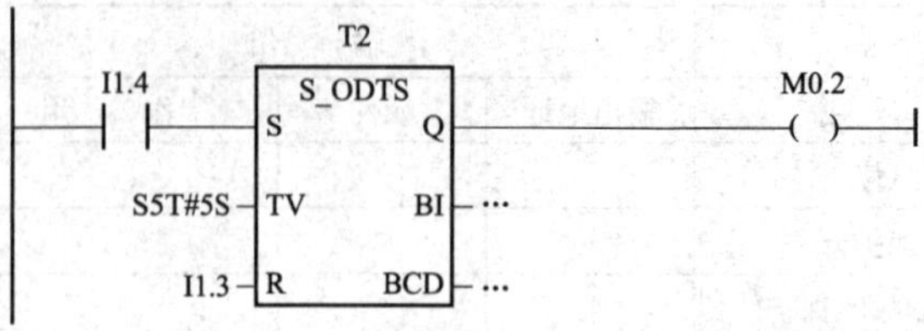

程序段 6　标题：

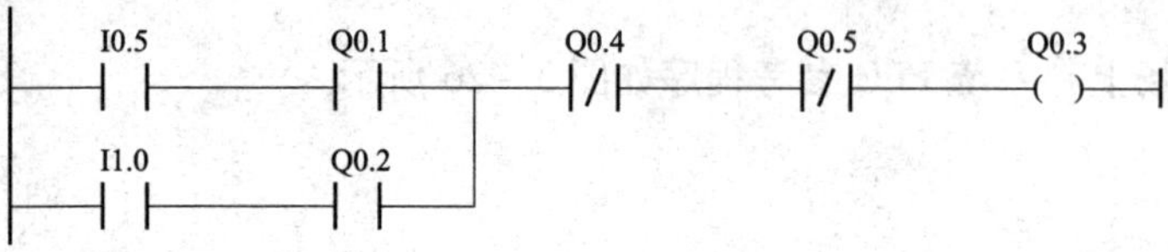

程序段 7　标题：

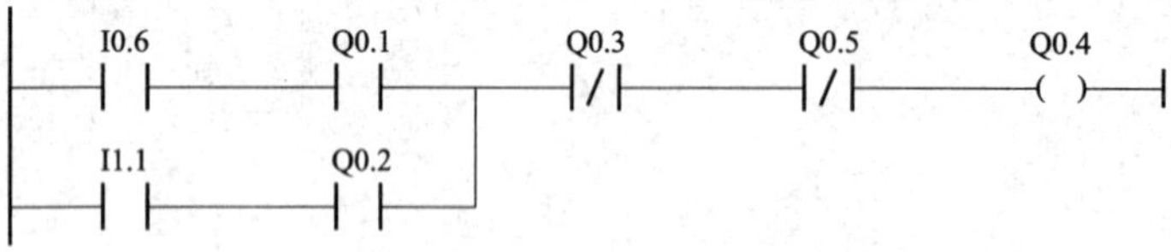

程序段 8　标题：

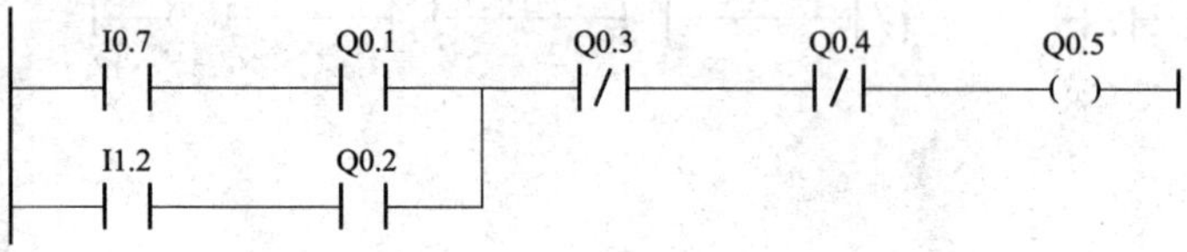

程序段 9　标题：

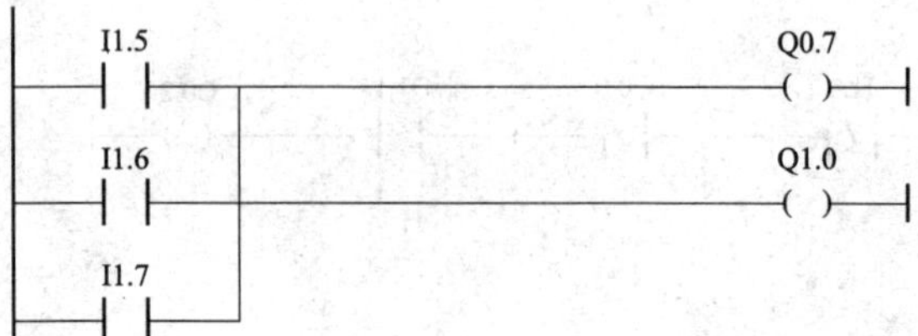

程序段 10　标题：

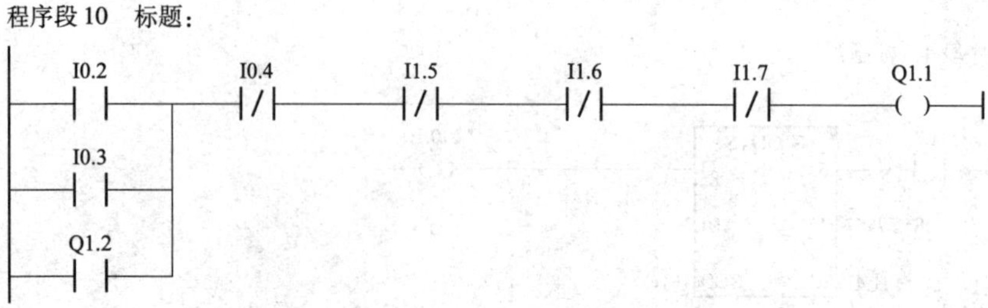

图 3 – 26　高炉卷扬上料系统 PLC 参考程序（二）

（3）高炉卷扬上料系统 MM440 变频器参数设置，见表 3－10。

表 3－10　　高炉卷扬上料系统 MM440 变频器参数设置表

参数号	设定值	说　明
P0003	3	用户访问所有参数
P0100	0	功率以 kW 表示，频率为 50Hz
P0300	1	电动机类型选择（异步电动机）
P0304	380	电动机额定电压（V）
P0305	78.2	电动机额定电流（A）
P0307	37	电动机额定功率（kW）
P0309	91	电动机额定效率（%）
P0310	50	电动机额定频率（Hz）
P0311	740	电动机额定转速（r/min）
P0700	2	命令源选择“由端子排输入”
P0701	1	DIN1 选择正转，ON 正转，OFF 停止
P0702	2	DIN2 选择反转，ON 反转，OFF 停止
P0703	16	DIN3 选择高速
P0704	16	DIN4 选择中速固定频率 f_2（Hz）
P0705	16	DIN5 选择低速固定频率 f_3（Hz）
P0731	52.3	数字输出 1 的功能为变频器故障
P1000	3	选择固定频率设定值
P1001	50	设置固定频率 f_1（Hz）
P1002	20	设置固定频率 f_2（Hz）
P1003	6	设置固定频率 f_3（Hz）
P1002	20	固定频率（Hz）
P1003	6	固定频率（Hz）
P1080	0	电动机运行的最低频率（Hz）
P1082	50	电动机运行的最高频率（Hz）
P1120	3	加速时间（s）
P1121	3	减速时间（s）
P1130	1	加速起始段圆弧时间（s）
P1910	1	自动检测电机参数
P1300	20	无测速机的矢量控制方式

（4）高炉卷扬上料系统的元件布置如图 3－27 所示，系统原理如图 3－28 所示。

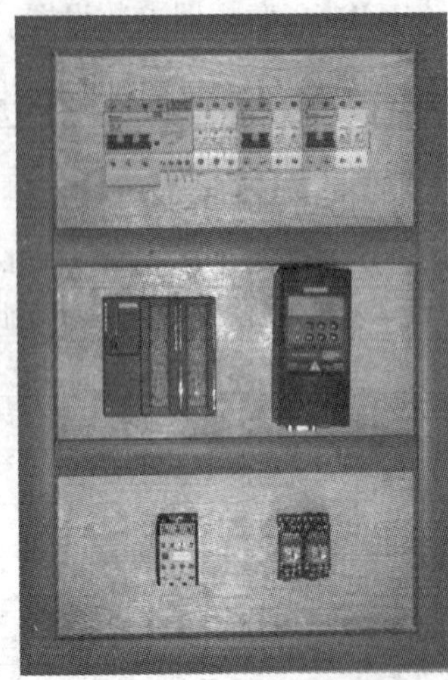

图 3－27　卷扬机变频调速系统布置图

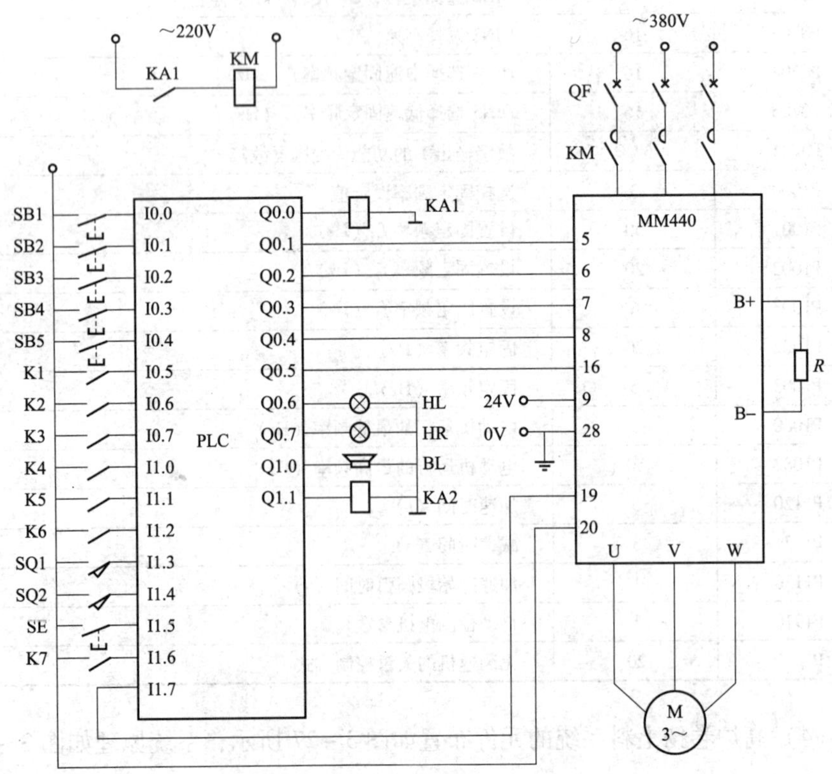

图 3－28　卷扬机变频调速系统原理图

2. 系统的安装接线及运行调试

（1）首先将主、控回路按图 3 – 28 进行连线，并与实际操作中情况相结合。

（2）经检查无误后方可通电。

（3）在通电后不要急于运行，应先检查各电气设备的连接是否正常，然后进行单一设备的逐个调试。

（4）按照系统要求进行 PLC 程序的编写并传入 PLC 内，并进行模拟运行调试，观察输入和输出点是否和要求一致。

（5）按照系统要求进行变频器参数的设置。

（6）对整个系统统一调试，包括安全和运行情况的稳定性。

（7）在系统正常情况下，按下合闸按钮，就开始按照控制要求运行调试。根据程序由变频器控制高炉卷扬上料系统电动的转速，以达到多段速的控制，从而实现卷扬机的变频调速自动控制。

（8）按下停止按钮 SB5，电动机停止运行。按下分闸按钮，变频器电源断开。

3. 注意事项

（1）线路必须检查清楚才能上电。

（2）在系统运行调整中要有准确的实际记录，是否温度变化范围小，运行是否平稳，及节能效果如何。

（3）对运行中出现的故障现象准确的描述分析。

（4）注意在卷扬机运料时不得长期超负荷运行，否则电动机和变频器将过载而停止运行。

（5）在运行过程中要认真观测，高炉卷扬上料系统的变频自动控制方式及特点。

◎ [自我训练]

3.5.6 小车自动运行设计、安装、调试训练

用 PLC 和变频器组合对生产线中的小车自动运行进行设计、安装与调试。

1. 任务

（1）某车间有 5 个工位，小车在 5 个工位之间往返运行送料，当小车所停工位号小于呼叫号时，小车右行至呼叫号处停车。

（2）小车所停工位号大于呼叫号时，小车左行至呼叫号处停车。

（3）小车所停工位号等于呼叫号时，小车原地不动。

（4）具有左行、右行定向指示、原点不动指示，启动前发出报警启动信

号，报警5s后方可左行或右行。

（5）小车启动加速时间、减速时间可根据实际情况自定。

（6）小车具有正反转点动运行功能。

（7）具有小车行走工位的七段数码管显示，小车工位示意如图3－29所示。

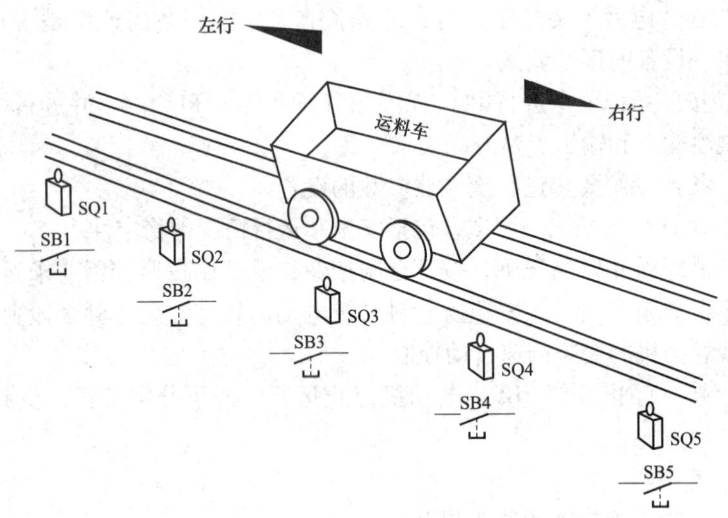

图3－29　小车运行工位示意图

2. 任务要求

（1）电路设计：根据任务，列出PLC控制I/O口（输入/输出）元件地址分配表，根据控制要求，设计梯形图及绘制PLC、变频器接线图。并设计出有必要的电气安全保护措施。

（2）安装与接线要紧固、美观，耗材要少。

3.6 PLC＋变频器控制线路的设计、安装与调试

学习目的

1. 掌握PLC与变频器调速系统进行控制线路的设计、安装与调试方法。

2. 能够对PLC与变频器调速系统进行控制线路设计、安装与调试。

◎［基础知识］

在工业自动化技术不断发展的今天，变频调速系统在各行业的应用越来越

广泛，由PLC和变频器组成的变频调速控制系统发挥出越来越巨大的作用。根据不同对象的控制要求进行变频调速系统的设计尤为重要。

3.6.1 PLC+变频器的变频调速系统设计原则

不同的设计者有着不同的设计方案，但他们的总体设计原则是相同的。PLC设计的基本原则是：根据设计任务，在满足生产工艺控制要求的前提下，安全可靠、经济实用、操作简单、维护方便、适应发展。

1. 满足要求

最大限度的满足被控对象的要求，是设计中最重要的原则。为明确控制要求，设计人员在设计前应深入现场进行调查研究，收集现场资料，与工程管理人员、机械部分设计人员、现场操作人员密切配合，共同拟定设计方案。

2. 安全可靠

电气控制系统的安全性、可靠性，关系到生产系统的产品数量和质量，是生产线的生命之线。因此，设计人员在设计时应充分考虑到控制系统长期运行的安全性、可靠性、稳定性。要达到系统的安全可靠性，应在系统方案设计上、器件选择上、软件编程上等多个方面进行全面的考虑。例如：为保证变频器出现故障时，系统仍安全运行，设置变频器的变频/工频转换系统；PLC程序只能接受合法操作，对于非法操作，程序不予响应等。

3. 经济实用

在满足生产工艺控制要求的前提下，一方面要不断地扩大生产效益，另一方面也要注意降低生产成本。使控制系统简单、经济、实用、使用方便、维护容易。例如：控制要求不高的闭环控制系统可以采用变频器PID控制等。

4. 留有余量

随着社会发展进步，生产工艺控制要求也不断地提高、更新、完善，生产规模不断的扩大。因此，在控制系统设计时，应考虑今后的发展，在PLC的输入/输出点的选择模块时，要留有适当的余量。

3.6.2 PLC+变频器的变频调速系统设计步骤

（1）了解生产工艺，根据生产工艺对电动机转速变化的控制要求，分析影响转速变化的因素，确定变频控制系统的控制方案，绘制变频控制系统的原理图。对于控制要求不高的生产工艺控制系统，可以采用开环调速系统。对于控制要求高的生产工艺控制系统，可以采用闭环调速系统。

（2）了解生产工艺控制的操作过程，进行PLC的设计。PLC主要进行现场信号的采集，根据生产工艺操作要求对变频器、接触器等进行控制。PLC对变频器的控制有开关量控制、模拟量控制和通信方式控制三种。

（3）根据负载和工艺控制要求，进行变频器的设计。变频器主要是对异步电动机进行变频调速控制。变频器的设计直接影响控制系统的性能。

3.6.3 PLC 的设计

1. PLC 控制的类型

PLC 控制有单机控制系统、集中控制系统、远程 I/O 控制系统和分布式控制系统四种类型。

(1) PLC 单机控制。单机控制是指一台 PLC 控制一台设备或条简易生产线。单机系统结构简单，I/O 点数少，存储容量小。

(2) 集中控制。集中控制是指一台 PLC 控制多台设备或几条简易生产线。这种控制的几台设备之间动作有一定的联系。

(3) 远程 I/O 控制。远程 I/O 控制的部分 I/O 系统远离 PLC 主机，PLC 与 I/O 通过同轴电缆进行信息传递，不同型号的 PLC 所能驱动的电缆长度、远程 I/O 数量不同，选择 PLC 时应重点考虑。

(4) 分布式控制。分布式控制是指多个被控制对象分别由一台具有 PLC 控制，这些 PLC 在由上位机通过数据总线进行通信。分布式控制各个系统之间距离较远，某个被控对象出现故障时，不会影响其他 PLC。

2. PLC 设计步骤

(1) 选择机型。目前，PLC 的生产厂家很多，PLC 的品种也已经达到了数百种，各自的特点和价格有所不同。对于机型的选择可以从以下几个方面考虑。

1) 通信功能。对于单机控制的小型系统，由于控制对象是一个设备，因此通信功能要求不高。对于分布式控制大型系统，由于多台 PLC 之间要进行信息交换，因此要具有一定的通信功能。

2) I/O 系统。PLC 的输入/输出点数包括数字量输入/输出点数和模拟量输入/输出点数。对于输入/输出点数的选择要留有 20% ~30% 的余量，既能方便系统功能的扩展，又能避免 PLC 在满负荷下工作。对于远程 I/O 要考虑 PLC 远程 I/O 的驱动能力，即驱动点数和驱动距离。对于一些特殊的控制，可以考虑使用特殊的智能 I/O 模块。

3) CPU 内存。CPU 内存处理器的个数、存储器的容量及可扩展性体现了 PLC 的方便灵活性。同时，PLC 编程元件的指令系统的指令个数代表了 PLC 的功能性。

(2) 硬件设计。PLC 的硬件设计是指 PLC 外部设备的设计。对于 PLC 外部输入/输出的地址分配应注意尽量将相同类型的信号、相同电压等级的信号地址安排在一起，以便于施工和布线。另外，输入/输出地址可以是按顺序排列，也可以是按组排列。按顺序排列的地址分配能够减少对输入/输出点的需

求，见表3－11一台PLC控制三台电动机的分配方式，但由于PLC的I/O模块和电动机不是一一对应的关系，这种地址分配方式不利于检查和维修。按组排列的地址分配，虽然减少对输入/输出点的需求增加，但由于PLC的I/O模块和电动机是一一对应的关系，利于检查和维修。见表3－12一台PLC控制三台电动机的分配方式。

I/O地址排列结束后，根据排列进行I/O地址的分配，I/O地址分配包括I/O地址、设备代号、设备名称及控制功能等，并根据I/O地址分配情况进行PLC的外部接线图绘制。

表3－11　　输入/输出点按顺序分配地址

模块	CPU—224	CPU—224和EM223—1	EM223—1～2
输入点	I0.0～I1.5	I2.0～I3.4	I3.5～I4.2
输出点	Q0.0～Q0.5	Q0.6～Q1.1	Q2.0～Q2.3
控制	电动机1	电动机2	电动机3

表3－12　　输入/输出点按组分配地址

模块	CPU—224	EM223—1	EM223—2
输入点	I0.0～I1.5	I2.0～I3.4	I4.0～I4.6
输出点	Q0.0～Q0.5	Q2.0～Q2.4	Q4.0～Q4.3
控制	电动机1	电动机2	电动机3

（3）软件设计。PLC的程序有两种，线性程序设计和分块程序设计。

在线性程序中，控制器中的指令按顺序被处理，如果到程序结尾，则程序处理又从头开始。这被称为周期性处理（循环处理）。完成一次程序处理的时间称为循环时间。线性程序结构简单一目了然，用于简单的控制程序。

结构化程序指在复杂的控制中，把程序按其功能分成比较简单的、规模较小的、容易看的功能块，在由主程序调用这些这些功能块。这样做的好处是：可对单个程序进行测试，将各个单个程序的功能组成起来，实现总的功能。

3.6.4　PLC与变频器的连接

PLC与变频器的连接是PLC变频调速控制系统中最重要的硬件部分。根据信号的不同连接方式，其接口部分主要由以下几种类型。

1. 开关指令信号的连接

在PLC＋变频器的变频调速控制系统中，PLC的开关量输出往往作为变频器的输入信号，对电动机进行运行/停止、正转/反转、分段频率运行等控制。

而PLC得输出模块有继电器型和晶体管型两种。在使用继电器接点时，常常因为接触不良而带来误动作，因此可采用阻容电路进行连接。使用晶体管进行连接时，则需考虑晶体管本身的电压、电流容量等因素，从而保证系统的可靠性。

2. 模拟数值信号的输入

变频器的模拟输入是通过接线端子由外部给定，由于变频器和晶体管的允许电压、电流等因素的限制，通常变频器的模拟量输入信号为0～10V/5V的电压信号和0（4）～20mA的电流信号。由于输入信号不同接口电路也要对应不同，因此必须根据变频器的输入抗阻，选择PLC的输出模块。若变频器的输入信号和PLC的输出信号是不同范围的电压信号范围时（即变频器的输入信号为0～10V，而PLC得输出电压信号范围为0～5V，或PLC的输出信号电压范围为0～10V，而变频器的输入电压信号范围为0～5V），可采用串联限流电阻及分压方式，以保证开闭时不超过PLC和变频器相应的容量。此外，在连线时还应该注意将布线分开，保证主电路一侧不传到控制电路中。

3. RS－485通信方式

变频器与PLC之间通过RS－485通信方式实施的方案得到广泛的应用，抗干扰能力强、传输速率高、传输距离远且造价低廉。但采用RS－485的通信方式必须解决数据编码、成帧、发送数据、接受数据的奇偶校验、超时处理和出错重发等一系列问题，故一个简单的变频器操作功能有时要编写几十条PLC梯形图指令才能实现，编程工作量较大。

3.6.5 PLC＋变频器的变频调速控制系统调试

1. 空机空载运行调试

变频调速系统空机空载（即变频器不带电动机）运行调试，下列三步是最基本的、也是最重要的调试操作内容：

（1）把变频器的接地端子接地以及将其电源输入端子经过漏电保护开关接到电源上。

（2）察看变频器显示窗的出厂显示是否正常，若不正确，应复位，否则要求供应商退换。

（3）熟悉变频器的操作键，对这些键按控制要求进行参数设置调试操作。

2. 带电机空载运行

（1）将变频器设置为自带键盘操作模式，分别按运行键、停止键，观察电动机能否正常启、停。

（2）根据控制要求，与PLC连接进行调试运行。

（3）按照变频器使用说明书对其电子热继电器功能进行设定。

3. 带载调试

变频系统的带载调试，主要是观察电动机带上负载后的工作情况，包括以下六方面：

（1）启动试验。使工作频率从0Hz开始逐渐增加，观察电动机能否启动，在多大频率下启动。如果启动困难，应设法加大启动力矩，比如增加 *U/f* 比。若仍然起动困难，应考虑增加变频器容量或采用矢量控制方式。

（2）升速试验。按照负载要求，将加速时间设定为最短值，将给定信号调至最大，按启动键，观察启动电流的变化情况，启动过程是否平稳。如果出现失速，为防止超限电流报警信号，或启动电流过大而跳闸，则应在负载允许的范围内适当的延长升速时间，或改变升速曲线形式。

（3）降速试验。将运行频率调至最高工作频率，按停止键，观察系统的停机过程。

如果出现失速，为防止超限电流报警信号，或过电流，过电压而跳闸，应适当延长降速时间或选配再生能耗制动电阻。根据变频器中是否含有再生能耗制动电阻，最短降速时间会有不同。当输出频率为0Hz时，拖动系统如果有爬行现象，应设置或加强直流制动。

（4）持续运转试验。当负载达到最大时，调节运行频率升至最高频率，观察变频器输出电流的变化情况。如果输出电流时常越过变频器的额定电流，则应考虑降低最高运行频率或减小负荷。

（5）电动机发热试验。在满载时，把运行频率调至最低工作频率，按照负载所要求的连续运行时间进行低速连续运行，观察电动机的发热情况。

（6）过载试验。按负载可能出现的过载情况及持续运行时间进行试验，观察拖动系统能否继续工作。

◎［实战演练］

3.6.6 训练内容

对验布机进行PLC+变频器进行变频调速控制系统设计。

在纺织行业中对布匹的瑕疵检验是通过验布机完成，根据检验人员的熟练程度、布匹的种类不同，验布机对速度的要求不同。

（1）整个验布机分四个工作速度：低速、中速、高速和点动。低速为30Hz，中速为40Hz，高速为50Hz，点动速度为20Hz。

（2）验布机有正转、点动正转、点动反转三种工作方式。

3.6.7 设备、工具和材料准备

（1）工具。电工工具1套，电动工具及辅助测量用具等。

（2）仪表。MF—500B 型万用表、数字万用表 DT9202、5050 型绝缘电阻表、频率计、测速表各一个。

（3）器材。西门子 MM420 变频器、电动机 37kW 、西门子 S7—200 型 PLC 和编程软件，其他辅助用按钮、及交流接触器、导线等若干。

3.6.8 操作步骤

1. 系统设计

（1）绘制变频控制系统的原理图。验布机的高速运行为 50Hz，所以在高速运行时电动机不接变频器，直接在工频下运行。验布机的工频—变频主系统如图 3－30 所示。

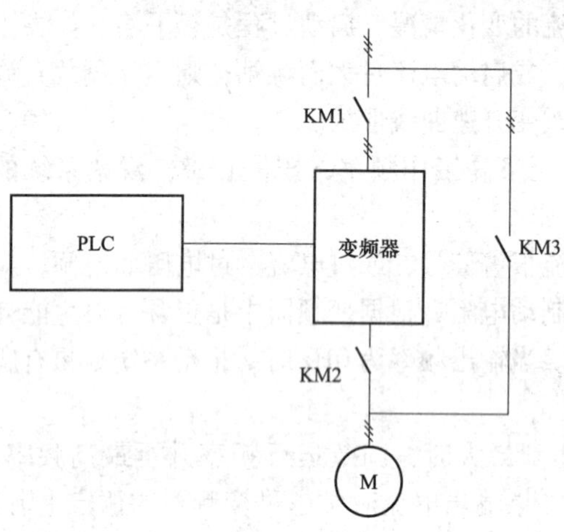

图 3－30 验布机系统原理图

按下低速按钮 SB1，KM1、KM2 接通，变频器运行，验布机低速 30Hz 运行，按下停止按钮 SB4，验布机停止变频运行后，KM1、KM2 断电。

按下中速按钮 SB2，KM1、KM2 接通，变频器运行，验布机中速 40Hz 运行，按下停止按钮 SB4，验布机停止变频运行后，KM1、KM2 断电。

按下高速按钮 SB3，KM3 接通，工频电源接通，验布机高速 50Hz 运行，按下停止按钮 SB4，KM3 断电，验布机停止工频运行。

按下正向点动按钮 SB5，KM1、KM2 接通，变频器运行，验布机正向点动 20Hz 运行。

按下反向点动按钮 SB6，KM1、KM2 接通，变频器运行，验布机反向点动 20Hz 运行。

（2）PLC 设计。

1）验布机控制系统 PLC 的 I/O 接口分配见表 3－13。

表 3－13　　S7—200 PLC I/O 分配表

输入			输出		
输入地址	元件	作用	输出地址	元件	作用
I0.0	SB1	低速按钮	Q0.0	5 端	低速运行
I0.1	SB2	中速按钮	Q0.1	6 端	中速运行

续表

输　　入			输　　出		
输入地址	元件	作　　用	输出地址	元件	作　　用
I0.2	SB3	高速按钮	Q0.2	7端	正向点动
I0.3	SB4	停止按钮	Q0.3	8端	反向点动
I0.4	SB5	正向点动按钮	Q0.4	KA1	变频运行
I0.5	SB6	反向点动按钮	Q0.5	KA2	工频运行

2）验布机控制系统 PLC 参考程序如图 3－31 所示。

在程序设计中变频接触器 KM1 和 KM2 由中间继电器 KA1 控制，工频和变频的接触器实现了互锁，低速运行、中速运行、高速运行、点动正转和点动反转实现也同样实现互锁，对操作人员的误操作信号 PLC 将不予采用，增强了系统的可靠性。另外，验布机变频运行停止时，频率逐渐下降为零，可将频率下降时间定为 5s，变频器的接触器 KM1 和 KM2 在按下停止按钮 SB4 后，延时 5s 停止，保证电动机完全停止后，变频器电源断电。

网络 1　网络标题
I0.0　I0.3　Q0.1　Q0.2　Q0.3　Q0.4　Q0.0
Q0.0

网络 2　网络标题
I0.1　I0.3　Q0.0　Q0.2　Q0.3　Q0.4　Q0.1
Q0.1

网络 3　网络标题
I0.2　I0.3　Q0.4　Q0.5
Q0.5

网络 4
I0.4　Q0.0　Q0.1　Q0.3　Q0.4　Q0.2

图 3－31　验布机控制系统 PLC 参考程序（一）

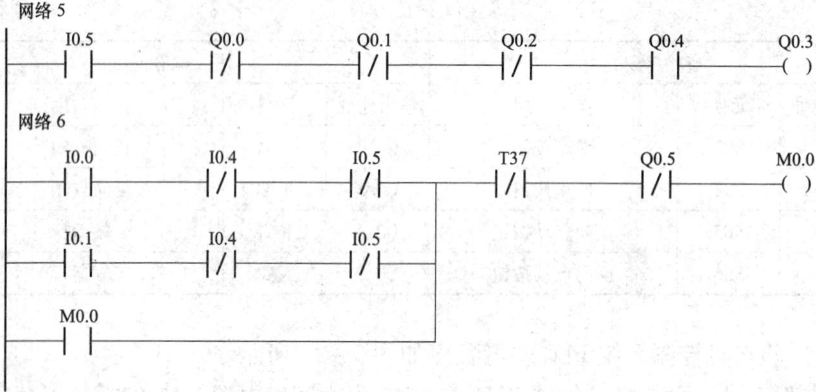

网络 7

M0.0　Q0.5　Q0.4

I0.4

I0.5

网络 8

I0.3　T37　M0.1

M0.1

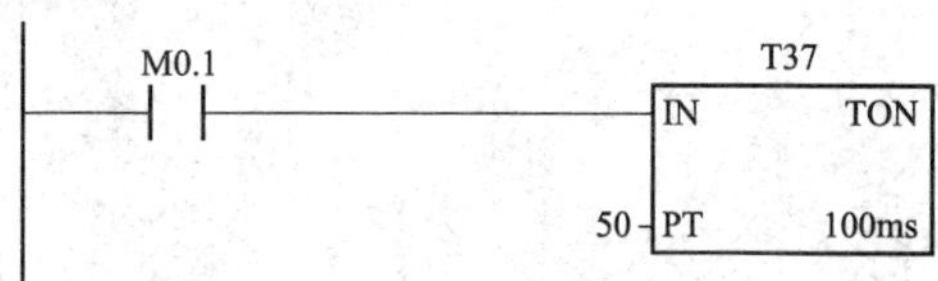

图 3－31　验布机控制系统 PLC 参考程序（二）

（3）变频器设计。验布机控制系统 MM420 变频器参数设置见表 3－14。

表 3－14　　验布机控制系统 MM420 变频器参数设置表

参数号	设定值	说　　明
P0003	3	用户访问所有参数

续表

参数号	设定值	说　明
P0100	0	功率以 kW 表示，频率为 50Hz
P0304	380	电动机额定电压（V）
P0305	78.2	电动机额定电流（A）
P0307	37	电动机额定功率（kW）
P0309	91	电动机额定效率（%）
P0310	50	电动机额定频率（Hz）
P0311	1400	电动机额定转速（r/min）
P0700	2	命令源选择“由端子排输入”
P0701	16	DIN1 选择低速固定频率f_1（Hz）
P0702	16	DIN2 选择中速固定频率f_2（Hz）
P0703	10	DIN3 正向点动
P0704	11	DIN4 反向点动
P0725	1	端子 DIN 输入为高电平有效
P1000	3	选择固定频率设定值
P1001	30	设置固定频率f_1（Hz）
P1002	40	设置固定频率f_2（Hz）
P1058	20	正向点动频率（Hz）
P1059	20	反向点动频率（Hz）
P1060	5	点动斜坡上升时间（s）
P1061	5	点动斜坡下降时间（s）
P1080	0	电动机运行的最低频率（Hz）
P1082	50	电动机运行的最高频率（Hz）
P1120	5	加速时间（s）
P1121	5	减速时间（s）

2. 系统的安装接线

验布机 PLC + 变频器调速控制系统的元件布置如图 3 - 32 所示，PLC 与变频器外部接线如图 3 - 33 所示。

（1）首先将主、控回路按 3 - 33 图所示进行连线，并与实际操作中情况相结合。

（2）经检查无误后方可通电。

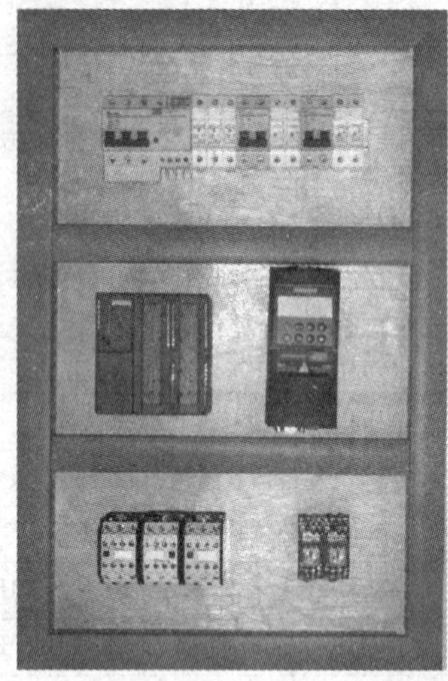

图 3－32　验布机变频调速系统布置图

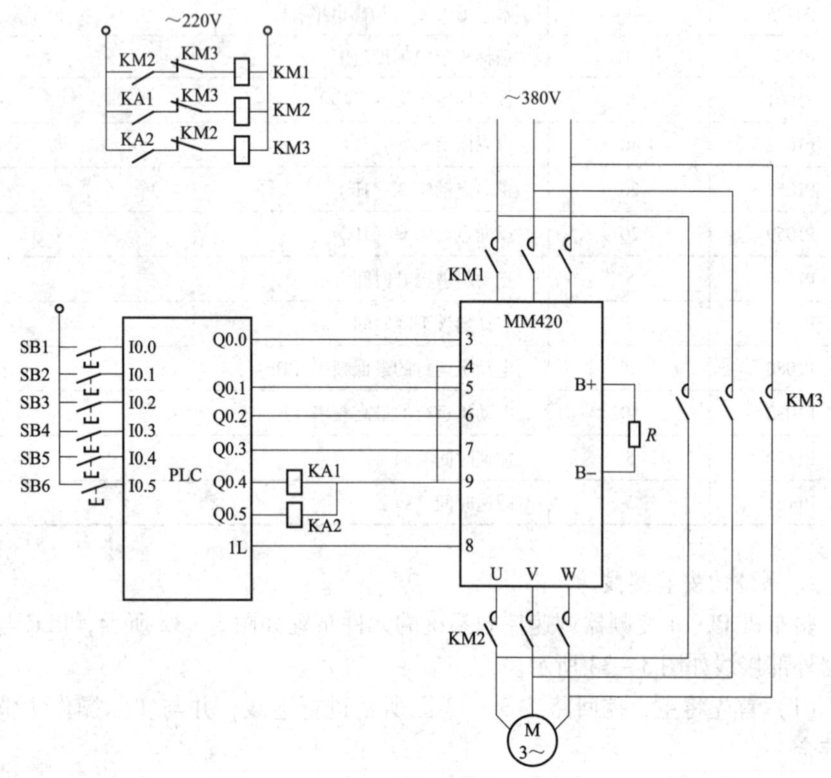

图 3－33　验布机变频调速系统原理图

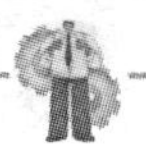

3. 系统调试

（1）检查各电气设备的连接是否正常，然后进行单一设备的逐个调试。

（2）按照系统要求进行 PLC 程序的编写并传入 PLC 内，并进行模拟运行调试，观察输入和输出点是否和要求一致。

（3）按照系统要求进行变频器参数的设置。

（4）对整个系统带机空载调试。

1）检查相序。使用工频运行进行调试，注意观察电动机的运行旋转方向是否正确，如果电动机的运行旋转方向不正确，则将电源（工频/变频总电源）的输入端任意两个电源线进行调换，改变电源相序，从而改变电动机的旋转方向。

2）工频运行。按下高速运行起动按钮 SB3，查看工频接触器 KM3 的吸合情况，并用万用表测量接触器 KM3 的输出线三相电压是否正常；按下停止按钮 SB4，查看工频接触器 KM3 的释放情况是否正常。

3）变频运行。低速运行调试：按下低速启动按钮 SB1，查看变频接触器 KM1、KM2 的吸合情况，并查看变频器是否启动逐步加速到 30Hz；用万用表测量变频器输出端（U、V、W）三相电压是否正常；按下停止按钮 SB3，查看变频器是否逐步减速到 0Hz 停止，电动机停止运行后变频接触器 KM1、KM2 是否释放，切断变频器的电源。

中速运行调试：按下中速启动按钮 SB2，查看变频接触器 KM1、KM2 的吸合情况，并查看变频器是否启动逐步加速到 40Hz；用万用表测量变频器输出端（U、V、W）三相电压是否正常；按下停止按钮 SB3，查看变频器是否逐步减速到 0Hz 停止，电动机停止运行后变频接触器 KM1、KM2 是否释放，切断变频器的电源。

正向点动运行调试：按下正向点动按钮 SB4，查看变频接触器 KM1、KM2 的吸合情况，并查看变频器是否启动逐步加速到 20Hz；用万用表测量变频器输出端（U、V、W）三相电压是否正常；释放正向点动按钮 SB4，查看变频接触器 KM1、KM2 是否释放，切断变频器的电源，电动机停止运行。

反向点动运行调试：按下反向点动按钮 SB5，查看变频接触器 KM1、KM2 的吸合情况，并查看变频器是否启动逐步加速到 20Hz；用万用表测量变频器输出端（U、V、W）三相电压是否正常；释放反向点动按钮 SB5，查看变频接触器 KM1、KM2 是否释放，切断变频器的电源，电动机停止运行。

（5）整个系统负载运行。

1）检查驱动设备是否正常。

2）工频运行。按下高速运行启动按钮 SB3，查看工频接触器 KM3 的吸合

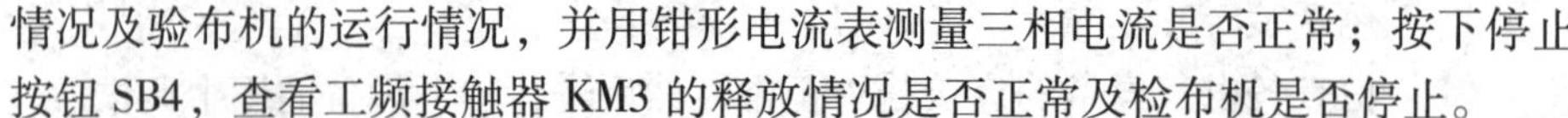

情况及验布机的运行情况，并用钳形电流表测量三相电流是否正常；按下停止按钮 SB4，查看工频接触器 KM3 的释放情况是否正常及检布机是否停止。

3）变频运行。

低速运行调试：按下低速启动按钮 SB1，查看变频接触器 KM1、KM2 的吸合情况，并查看变频器是否启动逐步加速到 30Hz；注意查看验布机的运行情况是否正常；用钳形电流表测量变频器输入端三相电流是否在正常；按下停止按钮 SB3，查看变频器是否逐步减速到 0Hz 停止，电动机停止运行后变频接触器 KM1、KM2 是否释放，切断变频器的电源，验布机是否停止。

中速运行调试：按下中速启动按钮 SB2，查看变频接触器 KM1、KM2 的吸合情况，并查看变频器是否启动逐步加速到 40Hz；注意查看验布机的运行是否正常；用钳形电流表测量测量变频器输入端三相电流是否正常；按下停止按钮 SB3，查看变频器是否逐步减速到 0Hz 停止，电动机停止运行后变频接触器 KM1、KM2 是否释放，切断变频器的电源，验布机是否停止。

正向点动运行调试：按下正向点动按钮 SB4，查看变频接触器 KM1、KM2 的吸合情况，并查看变频器是否启动逐步加速到 20Hz；注意查看验布机的运行是否正常；用钳形电流表测量测量变频器输入端三相电流是否正常；释放正向点动按钮 SB4，查看变频接触器 KM1、KM2 是否释放，切断变频器的电源，验布机停止运行。

反向点动运行调试：按下反向点动按钮 SB5，查看变频接触器 KM1、KM2 的吸合情况，并查看变频器是否启动逐步加速到 20Hz；注意查看验布机的运行是否正常；用钳形电流表测量变频器输入端三相电流是否正常；释放反向点动按钮 SB5，查看变频接触器 KM1、KM2 是否释放，切断变频器的电源，验布机停止运行。

4. 注意事项

（1）线路必须检查清楚才能上电。

（2）在系统运行调整中要有准确的实际记录，是否电流变化范围小，运行是否平稳，及节能效果如何。

（3）对运行中出现的故障现象准确的描述分析。

（4）注意在验布机运行时不得长期超负荷运行，否则电动机和变频器将过载而停止运行。

（5）在运行过程中要认真观测，验布机系统的变频自动控制方式及特点。

◎［自我训练］

3.6.9 物料分拣系统设计、安装、调试训练

用 PLC 和变频器组合对生产线中的物料分拣系统进行设计、安装与调试。

1. 任务

根据图 3－34 所示物料分拣控制系统进行物料分拣控制，控制要求如下：

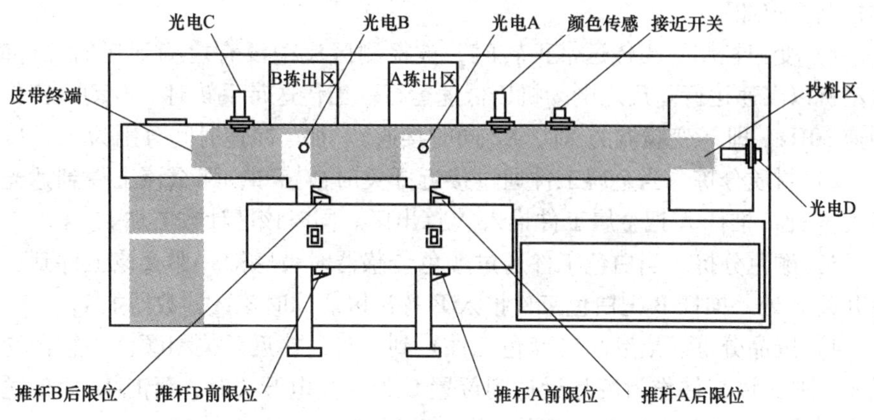

图 3－34　物料分拣系统示意图

（1）机械手传送系统。由三台直流电动机拖动。通过三台电动机的正反转切换来控制机械臂的上下、左右及水平旋转运动，且均为恒压、恒速控制。机械手由电磁铁的通、断电完成对工件的吸取和释放动作。

具体要求如下：

1）初始状态。机械手电磁铁处于放置工件位置（料盘）上方，机械臂位于上限、左限（伸出）位置。整个系统启动时机械手应优先检测初始状态，并保证处于初始位置。

2）抓取转移工件。当有符合要求的工件到达传送带左端时，机械手开始工作。从初始位置逆时针旋转到被抓工件上方、下降至下限位、吸取工件、停留 1s、上升至上限位、顺时针旋转至机械手料盘正上方、下降至下限位、释放工件、停留 1s、返回初始位置。为避免意外发生，从机械手吸合工件到释放至料盘期间，传送系统不响应停止信号。

3）工件返回重拣。当需要把被机械手转移的工件取回重新分拣时，机械手首先在废品料盘中吸取工件，然后按照同上述相反的过程把工件放回到皮带终端（传送带左端），然后机械手返回到初始位置。

（2）工件分拣系统。系统由变频器控制的三相异步电动机拖动，可实现正反转变换，有高速（对应频率 50Hz）、中速（对应频率 30Hz）和低速（对应频率 15Hz）三种速度，从而控制皮带传送速度的快慢。

系统包括五个传感检测位置，从右至左分别为：接近开关（感应金属工件）、颜色分辨传感器（感应白色工件，对蓝色不敏感）、位置 A 光电开关、

位置 B 光电开关、位置 C 光电开关。

系统有四个工件放置区域：投料区、A 拣出区、B 拣出区、皮带终端。具体控制要求如下：

1）变速控制。当传送带正转时，被检测区域中没有检测到任何工件时，电动机以高速运行。反之电动机以低速运行。当传送带反转时，电动机工作在中速 30Hz，即（变频器的 X1、X2 同时接通）。加、减速时间分别为 2s、1s。

2）材质分拣。当金属工件通过接近开关时被感知，那么该工件到达光电开关 A 处，推杆 A 把金属工件推入 A 拣出区。同时该区计数器加 1。

3）颜色分拣。当白色工件通过颜色传感器时被感知，那么该工件到达光电开关 B 处，推杆 B 把白色工件推入 B 拣出区。同时该区计数器加 1。

4）废品分拣。当废品（蓝色工件）到来时，接近开关和颜色传感器均无感应，那么该工件作为废品运送到位置 C 处的光电开关时，延时 1s 后传送带停止，等待机械手来把工件抓走，等待重新加工。

5）工件放置。投放工件时应在投料区内，并且要等前一个工件越过标志线后才能放第二个工件。工件随机、连续摆放，没有个数限制。

6）工件包装。当 A 拣出区或 B 拣出区内达到 4 只工件时，即相应的拣出区计数器累计数值等于 4 时，传送带停止（暂停），等待包装，等待 5s 后包装完毕，传送带继续按照暂停前的状态运行（同时该计数器清零）。

7）工件转移。被分拣工件中混杂着的废品（蓝色）到达皮带终端时需要停止传送，此状态也为暂停状态，当机械手把其转移到废品料盘，且返回初始位置后，暂停状态结束，传送带继续暂停前的状态运行。

8）返回重拣。当需要把废品区的工件返回到传送带上重新进行分拣时：先按下重拣按钮，此时蜂鸣器长鸣，提示不得在投料区投放工件；等传送带把已经在皮带上的料分拣完毕后，机械手执行工件返回重拣动作。当工件被机械手放回到皮带终端后 1s，传送带以反向中速运行，把该工件送回到投料区（光电开关 D 感应到）后停止，然后立即转换为正向高速进入正常分拣程序。

9）启停控制。按下启动按钮时：系统启动，但需等待机械手检测并回到初始状态后，传送带才开始高速运行等待检测工件。

按下停止按钮时：如果机械手吸合工件并正在转移的过程中不响应该停止信号，须等废品工件安全释放到料盘时（或从料盘转移到皮带终端后）才可停止整个传送系统。

2. 任务要求

（1）电路设计：根据任务，列出 PLC 控制 I/O 口（输入/输出）元件地址分配表，根据控制要求，设计梯形图及绘制 PLC、变频器接线图。并设计出有

必要的电气安全保护措施。

（2）安装与接线要紧固、美观，耗材要少。

（3）能对自动生产线系统进行空载、负载调试。

3.7 注塑机 PLC、变频器改造

学习目的

1. 理解注塑机的电气控制原理，掌握机床电气改造方法。
2. 能在老师指导下完成注塑机的 PLC 电气改造，进行试车调试。

◎［基础知识］

塑料制品加工行业是轻工行业中近几年发展速度较快行业之一，塑料企业数量增多，降低生产成本，提高产品竞争力成为许多塑料制品厂共同关心问题。加工成本中，电费占据了相当大比例，而数量众多注塑机是耗电最多设备，很多塑料企业对定量泵注塑机进行了大量节能技术改造来实现节约电能、提高企业竞争力，但变量泵注塑机很多企业包括很多专业节能公司都束手无策，市场上存大量变量泵注塑机如何进行节能改造成了众多塑料企业关心热点，深圳微能科技有限公司对变量泵注塑机深入研究，结合最新矢量控制变频技术成功实现变量泵注塑机节能改造，取了 10% ~20% 节能效果。

3.7.1 注塑机的原理及分类

1. 注塑机的原理

注塑成型机简称注塑机，是利用塑料的热物理性质，把物料从料斗加入料筒中，料筒外由加热圈加热，使物料熔融，料筒内螺杆在电动机作用下驱动旋转的，螺杆把已熔融的物料推到螺杆的头部，螺杆在注射油缸的活塞推力的作用下，以高速、高压，将储料室内的熔融料通过喷嘴注射到模具的型腔中，型腔中的熔料经过保压、冷却、固化定型后，开启模具，并通过顶出装置把定型好的制品从模具顶出落下。图 3 -35 所示为注塑机结构示意图。

2. 注塑机的分类

注塑机根据塑化方式分为柱塞式注塑机和螺杆式注塑机，按机器的传动方式又可分为液压式、机械式和液压——机械（连杆）式，按操作方式分为自动、半自动、手动注塑机。

（1）卧式注塑机：这是最常见的类型，其合模部分和注射部分处于同一水平中心线上，且模具是沿水平方向打开的。其特点是：机身矮，易于操作和

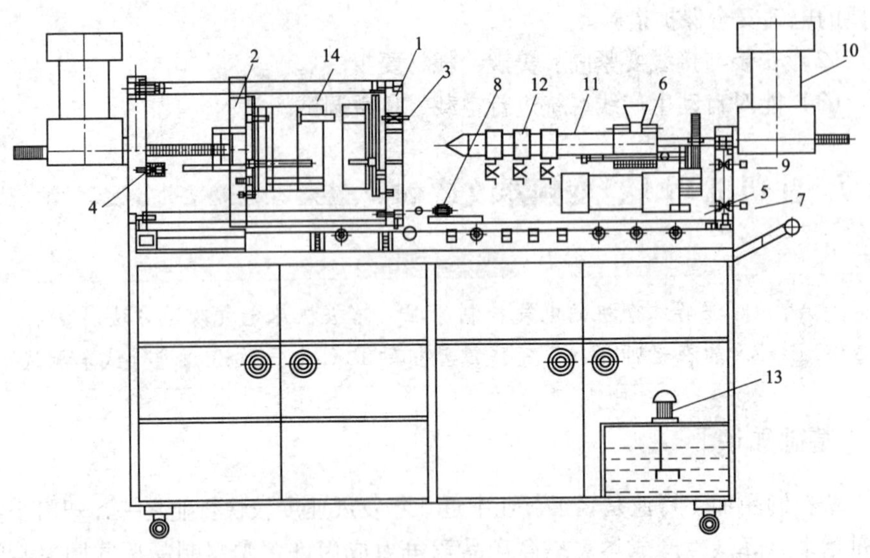

图 3-35　注塑机结构示意图

1—定模固定板；2—动模固定板；3—锁模感应开关；4—顶出感应开关；5—进出水接口；6—加温进出水接口；7—溶胶感应开关；8—射胶感应开关；9—射胶行程开关；10—电动机；11—注塑筒；12—发热圈；13—水泵；14—模具

维修；机器重心低，安装较平稳；制品顶出后可利用重力作用自动落下，易于实现全自动操作。目前，市场上的注塑机多采用此种型式。

（2）立式注塑机：合模部分和注射部分处于同一垂直中心线上，且模具是沿垂直方向打开的。因此，其占地面积较小，容易安放嵌件，装卸模具较方便，自料斗落入的物料能较均匀地进行塑化。但制品顶出后不易自动落下，必须用手取下，不易实现自动操作。立式注塑机宜用于小型注塑机，大、中型机不宜采用。

（3）角式注塑机：注射方向和模具分界面在同一个面上，它特别适合于加工中心部分不允许留有浇口痕迹的平面制品。它占地面积比卧式注塑机小，但放入模具内的嵌件容易倾斜落下。这种型式的注塑机宜用于小机。

（4）多模转盘式注塑机：它是一种多工位操作的特殊注塑机，其特点是合模装置采用了转盘式结构，模具围绕转轴转动。这种型式的注塑机充分发挥了注射装置的塑化能力，可以缩短生产周期，提高机器的生产能力，因而特别适合于冷却定型时间长或因安放嵌件而需要较多辅助时间的大批量制品的生产。

注塑机被广泛应用于国防、机电、汽车、交通运输、建材、包装、农业、

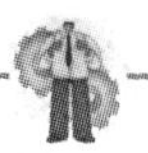

文教卫生及人们日常生活各个领域。注射成型工艺对各种塑料的加工具有良好的适应性，生产能力较高，并易于实现自动化。

3.7.2 注塑机的工作过程

注塑机的工作过程如下：

（1）预塑计量。预塑计量是把固体颗粒料或粉料经过加热、输送、压实、剪切、混合、均化，使物料从玻璃态经过粘弹态转变为粘流态。所谓“均化”是指熔体的温度均化、黏度均化、密度均化和物料组分均化，以及聚合物分子量分布的均化，此过程统称为塑化过程。

（2）注射充模。注射充模过程是螺杆在注射油缸推力作用下，螺杆头部产生注射压力，将储料室中的熔体经过喷嘴、模具流道、浇口注入型腔。此过程是熔体向模腔高速流动的过程。

（3）保压补缩。当高温熔体充满模腔以后，就进入保压补缩阶段，一直持续到浇口冻封为止，以便获取致密制品，即为保压补缩阶段。

保压阶段的特点是：熔体在高压下慢速流动，螺杆有微小的补缩位移，物料随冷却和密度增大使制品逐渐成型。在保压阶段，熔体流速很小，不起主导作用，而压力却是影响过程的主要因素，模腔中的熔体因冷却而得到补缩，模内压力和比容是不断地变化的。

（4）冷却定型过程。这是使模内成型好的制品具有一定的刚性和强度，防止脱模时顶出变形的过程。过早的脱模，会引起顶出变形，损伤制品；但过晚会增加成型周期。

3.7.3 在注塑机中使用变频器的优点

1. 节能

注塑机通常使用的三组异步交流电机不能变速，其拖动的定量叶片泵，输出液压油的流量不能改变。注塑机在进行低速动作时，多余的流量经溢流阀流回油箱，造成能量的大量损失。变频器能根据控制系统的指令，调节电动机的转速，使叶片泵输出液压油的流量可根据注塑机动作速度要求改变，减少了液压油从溢流阀流回油箱的能耗，从而节省了大量的电能。根据注塑产品的不同，实时监测电机耗电量，节电率达 20% ~70% 。

2. 避免人身安全事故

注塑机加装变频器后，由于操作人员在模具上取件、清洁和修模时，注塑机电脑的速度模拟量无输出，电动机处于停止状态，液压系统无压力，避免了机械的误动作，完全杜绝了注塑机的人身安全事故的发生。

3. 软启动

工频状况下电动机采用的是星—三角形降压延时启动，此时电流是电动机

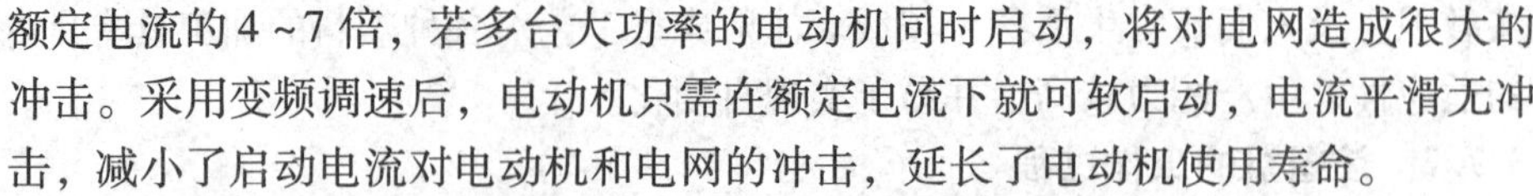

额定电流的4~7倍，若多台大功率的电动机同时启动，将对电网造成很大的冲击。采用变频调速后，电动机只需在额定电流下就可软启动，电流平滑无冲击，减小了启动电流对电动机和电网的冲击，延长了电动机使用寿命。

3.7.4　变频器在注塑机节能应用中出现的问题及解决方法

（1）注塑机加装变频调速后，主电动机转速随着注塑机各动作的速度变化而变化，注塑生产周期循环时间较短，动作的频繁转速致使主电动机频繁的处于加减速过程中，由于电动机加减速响应时间较长，导致了注塑循环周期时间的增加，生产率的降低。通过电脑对变频器的控制，实现变频器的输出频率和输出转矩解耦调节，达到变频器与注塑过程各动作的最佳配合，解决了注塑机应用变频节能技术导致生产效率降低的瓶颈。

（2）随着电动机转速的降低，与电动机转子相连的风扇叶片的转速也降低，致使电动机散热不良。此外，绝缘层在变频器变频电压的冲击下绝缘效果降低。目前，电动机厂商已专门生产的变频电动机，即是针对这两点进行了改进，电动机风扇独立于转子，转速不受电动机转速降低的影响，绝缘层也采用了更优良的材料，从而解决了变频器影响电动机寿命的问题。

（3）叶片泵工作时主要依靠高速运转的转子把叶片甩出，从而达到吸油的目的。如果转子转速降低，叶片就没有足够的离心力，不能有效的压紧定子表面，这样泵的内泄漏就增加，效率明显降低，当转速低于某一临界值（如400r/min）时，叶片泵的吸油能力就变得较差，甚至不能出油，出现此问题时，须提高频率设定信号增益。此外，内啮合齿轮泵的发展，将逐步取代叶片泵成为注塑机油泵发展的主流，从而解决叶片泵低速吸油性差的问题。

（4）高压锁模和慢速开模时，变频器运行在低速大扭矩的状态下，电流易超过额定值而造成过电流保护，西门子公司生产的变频器输入端设有锁模和开模的输入点，与注塑机电脑的锁模和开模的输出点相连，通过特定的变频器软件使电动机在开模和锁模时保持高速运行，避免低速大扭矩的状态出现。

◎［实战演练］

3.7.5　训练内容

对注塑机进行PLC+变频器进行改造。

现有一台注塑机因年代太久，控制线路混乱，接触器经常触点接触不良或坏掉线包；部分电器元件型号淘汰等原因使得注塑机故障频率较高、生产效率低，增加了整机的维修费用。同时电控组件老化存在着很多潜在的安全隐患。

注塑机的加热原理如图3-36所示。注塑机的电路如图3-37所示。注塑机的电气元器件见表3-15。针对设备现状，对注塑机进行PLC、变频器设备

改造。

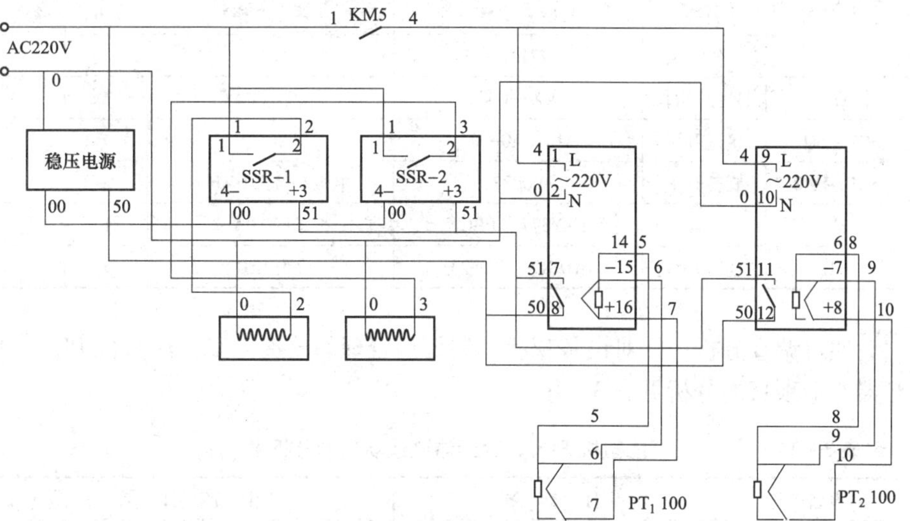

图 3－36 注塑机溶胶加热原理图

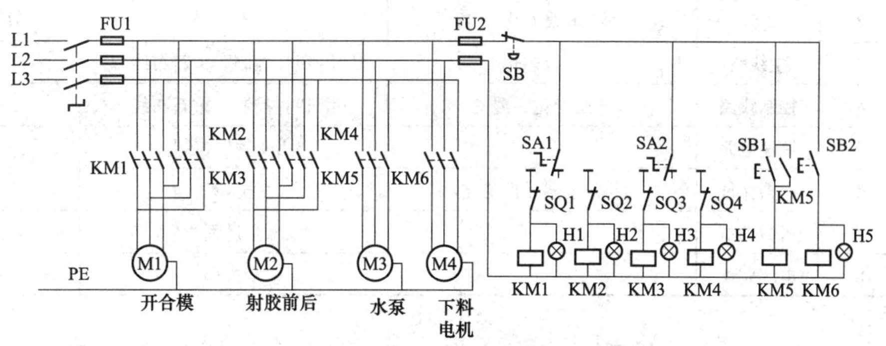

图 3－37 电气原理图

表 3－15　　注塑机的电气元器件表

元件代号	名称	型　号	规　格	数量	备注
M1、M2、M3	电动机	Y5—7126—W	220V，1.5A，550W	3	
M4	水泵	AOB—25	90W，3000r/min	1	
WDZ	稳压电源	S—50—09	220V/24V	1	
KM	接触器	CJX—09	线圈 220V	6	
SSR－25AA	固态继电器	JGX—1D 6090	输入 80～250V AC 输出 24～380V AC	2	

续表

元件代号	名称	型　号	规　格	数量	备注
QF	空气开关	DZ47LE—63	C40	1	
XM	温度显示仪	REX—C400	-50～600℃	2	
SQ1～SQ4	接近开关	ALJ12A0—04	24V	4	
SA1～SA2	旋转开关	A008375	单极3位220V10A	2	
SB	急停	LAY377（PBC）	220V10A	1	
HL	电源指示灯	ADRE—22DS23	220VAC	5	

通过调查分析，针对设备现状，制订出合理的改造方案。注塑机PLC、变频器改造项目的分析见表3-16。

表3-16　　注塑机PLC、变频器改造项目的分析表

设备名称		注　塑　机	生　产　日　期	
序号	项目	改造前情况	改造方案	备注
1	配电箱	电器陈旧、电线老化	更新	
2	管线	电线老化	更新	
3	主线路	电线老化	用PLC控制、重新布线	
4	控制线路	电线老化、混乱	用PLC控制、重新布线	
5	调速电路		用变频器控制	
6	电器元件	部分电器元件老化	更新	
7	机械调试		全过程	
8	电气调试		全过程	

通过表3-16分析可知，注塑机的PLC改造任务是：用西门子PLC来替代继电接触式控制电路，用变频器改造调速电路，重新布线并进行调试，达到原有的动作要求，包括：

（1）主电路的PLC控制。

（2）控制电路的PLC控制。

（3）拖动系统调速用变频器控制，设置变频器参数。

（4）编制PLC控制程序。

（5）对原有的元器件及电动机进行重新选择或更换。

（6）主电路、控制电路以及照明和指示电路要重新布线。

（7）调试机床，验收。

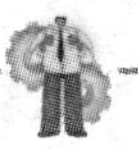

3.7.6 设备、工具和材料准备

（1）工具。电工工具1套，电动工具及辅助测量用具等。

（2）仪表。MF—500B型万用表、数字万用表DT9202、5050型绝缘电阻表、频率计、测速表各一个。

（3）器材。西门子MM420变频器、电动机550W、西门子S7—300型PLC和编程软件，其他辅助用按钮及交流接触器，导线等若干。

3.7.7 操作步骤

1. 分析注塑机拖动系统工作原理

对注塑机电路进行变频调速电气化改造，首先要分析其工作原理，然后确定相应的控制方案，并设计相应的程序。

根据注塑机拖动系统电路原理图3－37分析电路原理如下：

（1）溶胶加热：

合上电源开关——[温度传感器得电 / 温控显示仪得电]——[输入温度参数 / 固态继电器得电] —动合触点闭合—

——加热带开始加热——到达设定温度——温控触点断开——固态继电器失电

——加热带停止工作——保温为射胶准备

（2）开合模：

合上开关—转换开关转向开模—KM1线圈得电——KM1主触点闭合

——电动机M1正转——撞下行程开关SQ1——电动机停止（开模结束）

合上开关—转换开关转向合模—KM2线圈得电——KM2主触点闭合

——电动机M1反转——撞下行程开关SQ2——电动机停止（合模结束）

（3）射胶前进后退：

合上开关—转换开关转向前进—KM3线圈得电——KM3主触点闭合

——电动机M2正转——撞下行程开关SQ3——电动机停止（射胶前进结束）

合上开关—转换开关转向后退—KM4线圈得电——KM4主触点闭合

——电动机M2反转——撞下行程开关SQ4——电动机停止（射胶后退结束）

（4）水泵：

合上开关—按下水泵启动按钮SB1—KM5线圈得电——KM5主触点闭合

——电动机M3正转——按下急停按钮——水泵停止

（5）下料：

合上开关—按下下料点动按钮SB2—KM6线圈得电——KM6主触点闭合

——电动机M4正转——松下按钮——下料电动机停止

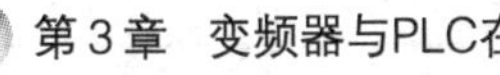

2. 设计注塑机拖动系统变频器控制电路

由上面的操作过程中看到，传统的电拖电气线路，线路简便。但是操作繁杂而长时间的机械操作。针对电气线路改造，根据操作要求及电力节约的方案考虑，采用变频器对注塑机进行自动控制。

设计控制控制内容为：

（1）启动加热溶胶阶段；此时并办有料仓冷却（水泵自动开启）。

（2）等待5s后，模具开始合模，先快速50Hz合模，3s后，慢速20Hz锁模，直到合模限位接通，合模电机停止工作。

（3）合模后，当温度到达射胶温度（温度传感器节点接通）时，射胶电动机运行，开始射胶过程：射台前移（先高速50Hz移动，3s后在慢速移动），当射台到达射台前位后，开始以40Hz转速向模具内射胶，5s后，以低速20Hz补胶保压；当到达射胶限位后，射胶电机停止，射胶过程结束。

（4）射胶结束，射台以40Hz速度后移，当到达限位后，开始溶胶下料，溶胶电机以10Hz的速度后退下料，当到达溶胶下料限位时，溶胶下料电机停止，但电加热继续，等待下一次射胶。

（5）射胶结束，溶胶电动机停止运行，30s后当零件冷却结束，开模电动机先以30Hz的速度开模，3s后以低速15Hz开模，并由顶针顶出零件。当到达开模限位后，电动机停止。此为整个注塑周期结束，进入下个周期运行。

（6）按下停止按钮，注塑机完成本周期后，停止运行。

（7）按下急停按钮，注塑机立即停止运行。

（8）本注塑机也可根据实际情况进行手动控制和调整。手动时为了使设备安装调试方便，在此设计了一个双重功能（手自动切换和手动）按钮。

变频器控制线路如图3－38所示。

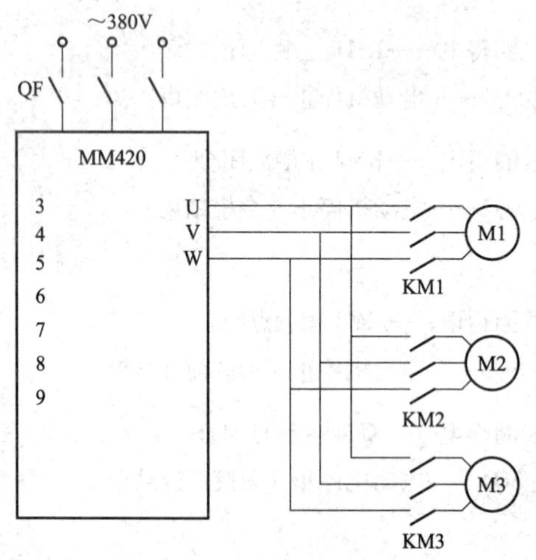

图3－38　变频器控制线路

设置变频器的参数见表3－17。

表3－17　　变频器参数

参数号	设定值	说　明
P0003	3	用户访问所有参数

续表

参数号	设定值	说　明
P0010	1	快速调试
P0100	0	功率以 kW 表示，频率为 50Hz
P0304	380	电动机额定电压（V）
P0305	1.5	电动机额定电流（A）
P0307	0.55	电动机额定功率（kW）
P0309	91	电动机额定效率（%）
P0310	50	电动机额定频率（Hz）
P0311	1400	电动机额定转速（r/min）
P0700	2	命令源选择“由端子排输入”
P0701	17	DIN1 选择按二进制编码选择频率 + ON
P0702	17	DIN2 选择按二进制编码选择频率 + ON
P0703	17	DIN3 选择按二进制编码选择频率 + ON
P0704	12	DIN4 反向运行
P0725	1	端子 DIN 输入为高电平有效
P1000	3	选择固定频率设定值
P1001	50	设置固定频率f_1（Hz）
P1002	20	设置固定频率f_2（Hz）
P1003	40	设置固定频率f_3（Hz）
P1004	10	设置固定频率f_4（Hz）
P1005	30	设置固定频率f_5（Hz）
P1006	15	设置固定频率f_6（Hz）
P1007	0	设置固定频率f_7（Hz）
P1016	3	固定频率方式—位 0 按二进制编码选择 + ON
P1017	3	固定频率方式—位 1 按二进制编码选择 + ON
P1018	3	固定频率方式—位 2 按二进制编码选择 + ON
P1080	0	电动机运行的最低频率（Hz）
P1082	50	电动机运行的最高频率（Hz）
P1120	1	加速时间（s）
P1121	1	减速时间（s）

3. 设计 PLC 控制电路

利用 PLC、变频器对注塑机进行电气化改造，在分析其技术资料的基础之上，首先要掌握继电控制系统的工作原理，提出 PLC 的控制方案，设计注塑机 PLC 控制原理图，并编制出 PLC 程序。

对于注塑机中无法进行自动控制的缺点，对操作员的长期操作易产生职业病的特点。选用 PLC 进行控制电路的自动控制线路改造。

控制方案如下：

（1）模具电动机正反转实现合模和开模。

1）合模时：模具电动机先高速正转进行快速合模，当左模接近右模时，模具电动机转入低速运行进行合模。

2）合模结束时：为了做到准确停车，采用传感器控制继电器停止电动机工作。

3）开模时：模具电动机高速反转进行快速开模。

4）开模结束时：为了做到准确停车，用传感器控制继电器停止电动机工作。

（2）注塑电动机正反转实现注料杆左右。

1）注料杆左行：注塑电动机先高速正转，注料杆快速下降，当注料杆接近挤压位置时，电动机转入低速运行，此时注料杆低速向左进行注塑挤压。

注料杆向左结束时：停车时，为了做到注料杆准确定位，电动机采用传感器控制继电器停止电动机工作的方式。

2）注料杆上升：注塑电动机高速反转，注料杆快速上升。用传感器控制继电器停止电动机动作。

注料杆向右结束：为了做到准确停车，用传感器控制继电器停止电动机动作。

（3）原料加热溶化和时间。将一定量的塑料原料加入到料筒中，料筒中的塑料原料在加热器的作用下经过一段时间（大约 1min）加热后融化，此时即可将其挤入模具成型注塑机可以对很多不同的原材料（例如：聚丙烯、聚氯乙烯、ABS 原料等）进行生产和加工，由于原材料的性质不同，所以加热溶化的时间长短也不一样。这就要求加热的时间长短可以根据材料的性质不同进行调整。

（4）温度加热器。温度加热器用于对原材料进行加热，温度的高低通过改变加热器两端的电压高低来实现，要求温度的高低可以调整。

（5）开模时间。

高温原材料挤入模具后，需要在模具中冷却一段时间，让其基本成型后才能打开模具，这一段时间为保模时间。由于产品的大小和原材料的性质的不同，不同产品的保模时间有所不同，这就要求保模时间长短可以调整。

用 PLC 控制变频器的输入和模具开合状态，具体方案如图 3 – 38 所示。

PLC 控制系统输入、输出地址分配表，见表 3 – 18。

表 3 – 18　　S7—300 PLC I/O 分配表

输　入			输　出		
输入地址	元件	作　用	输出地址	元件	作　用
I0. 0	SB1	启动按钮	Q0. 0	KA1	水泵电机继电器
I0. 1	SB2	停止按钮	Q0. 1	KA2	电加热继电器
I0. 2	SB3	急停按钮	Q1. 0	KA3	顶针继电器
I0. 3	SL	温度传感器	Q1. 1	KA4	开模电机继电器
I0. 4	SQ1	合模限位	Q1. 2	KA5	下料电机继电器
I0. 5	SQ2	射台前限位	Q1. 3	KA6	射胶电机继电器
I0. 6	SQ3	射胶限位	Q1. 4	3 端	ON 时反转
I0. 7	SQ4	射台后限位	Q1. 5	5 端	变频器 DIN1
I1. 0	SQ5	溶胶下料限位	Q1. 6	6 端	变频器 DIN2
I1. 1	SQ6	开模限位	Q1. 7	7 端	变频器 DIN3
I1. 2	SA1	手动/自动切换			
I1. 3	SB4	手动——合模			
I1. 4	SB5	手动——开模			
I1. 5	SB6	手动——下料			
I1. 6	SB7	手动——射台前进			
I1. 7	SB8	手动——射台后退			
I2. 0	SB9	手动——顶针			
I2. 1	SA2	手动——溶胶			

PLC 控制系统电路原理如图 3 – 39 所示。

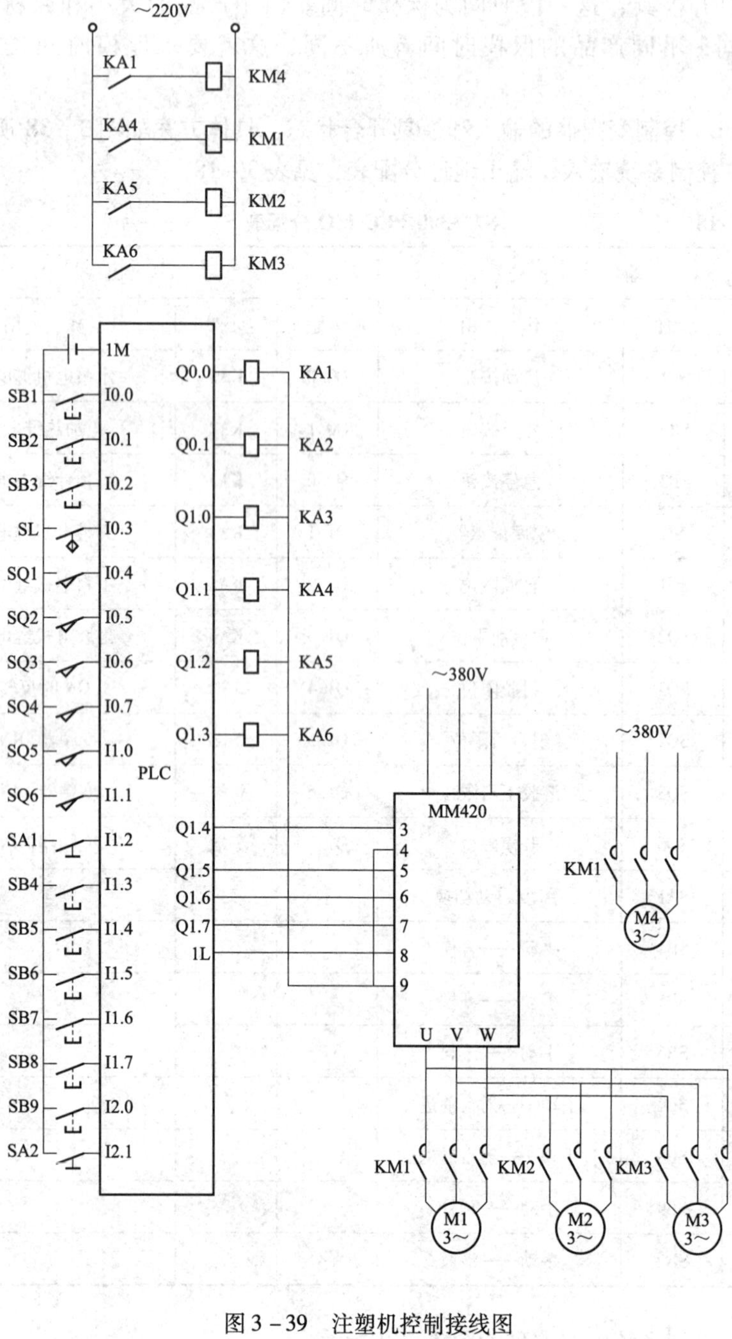

图 3－39　注塑机控制接线图

注塑机工作状态流程如图 3－40 所示。

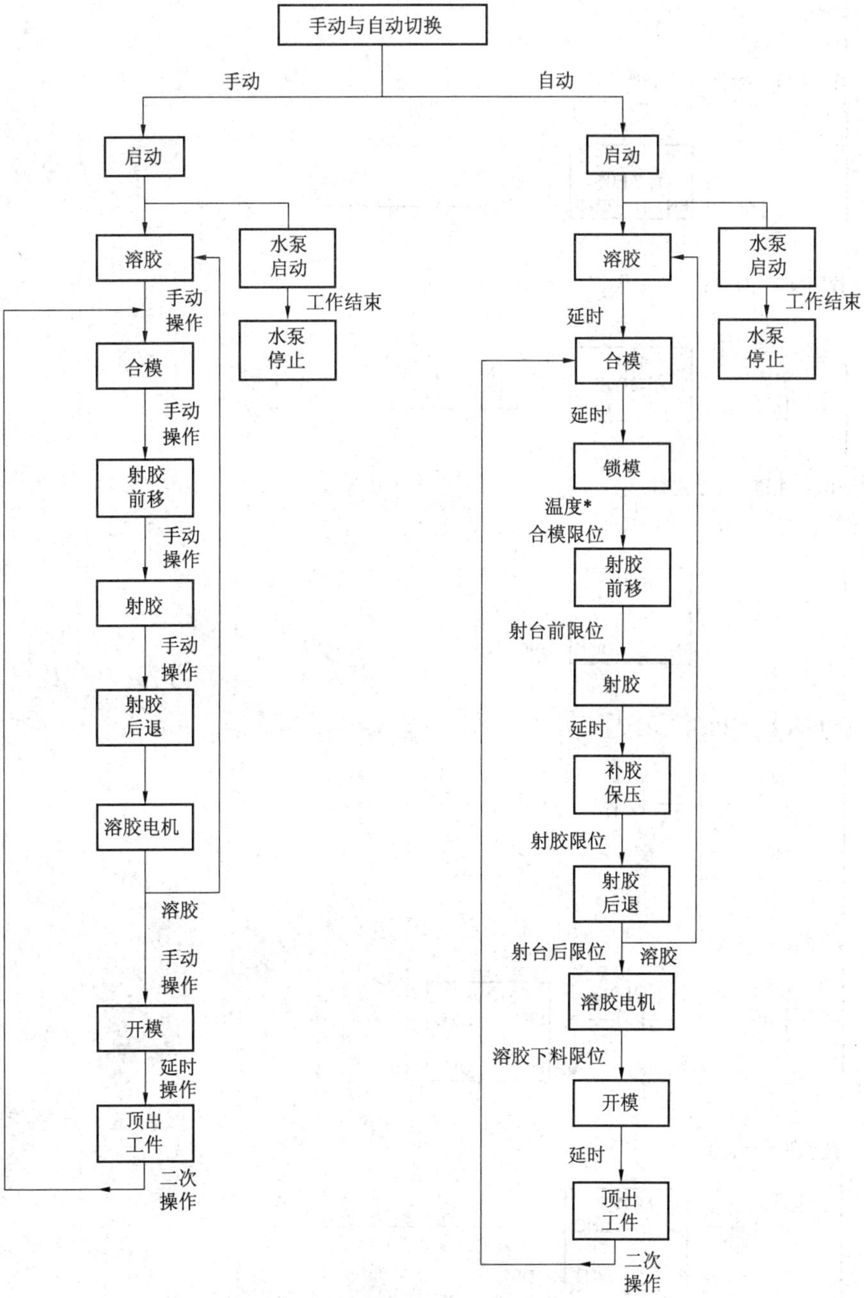

图 3－40　注塑机工作状态流程图

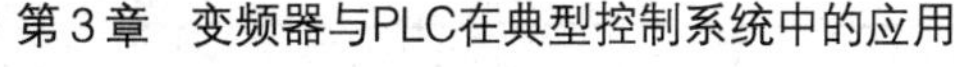

PLC 梯形图如图 3-41 所示。

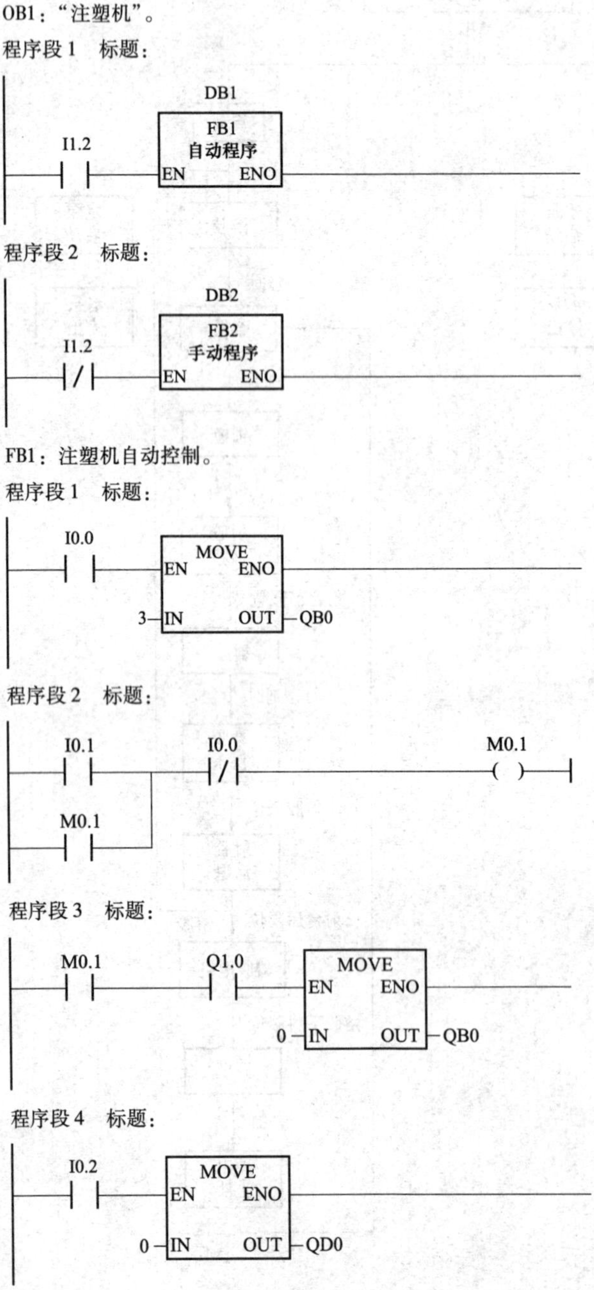

OB1："注塑机"。

程序段 1　标题：

DB1
FB1
自动程序
I1.2
EN　ENO

程序段 2　标题：

DB2
FB2
手动程序
I1.2
EN　ENO

FB1：注塑机自动控制。

程序段 1　标题：

I0.0
MOVE
EN　ENO
3　IN　OUT　QB0

程序段 2　标题：

I0.1　I0.0　M0.1
M0.1

程序段 3　标题：

M0.1　Q1.0
MOVE
EN　ENO
0　IN　OUT　QB0

程序段 4　标题：

I0.2
MOVE
EN　ENO
0　IN　OUT　QD0

图 3-41　注塑机控制程序参考梯形图（一）

程序段 5　标题：

程序段 6　标题：

程序段 7　标题：

程序段 8　标题：

程序段 9　标题：

程序段 10　标题：

程序段 11　标题：

图 3－41　注塑机控制程序参考梯形图（二）

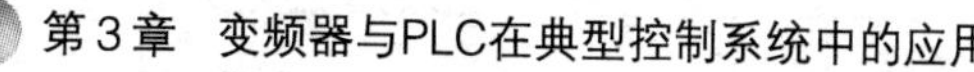

程序段 12　标题：

I0.5
M10.6
(P)
MOVE
EN ENO
104 IN OUT QB1
T4
(SD)
S5T#5S

程序段 13　标题：

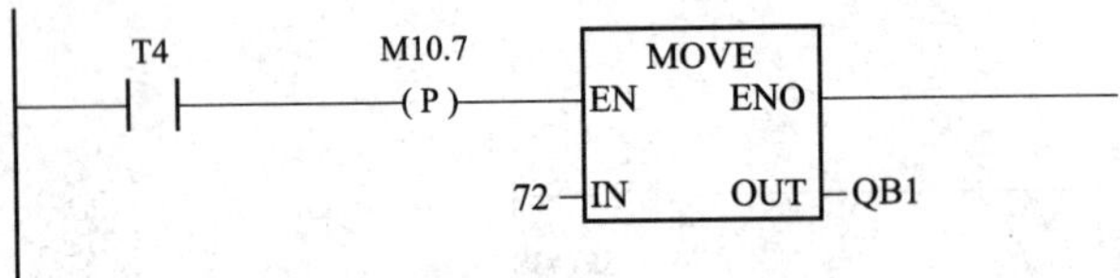

程序段 14　标题：

I0.6
M11.0
(P)
MOVE
EN ENO
120 IN OUT QB1

程序段 15　标题：

I0.7
M11.1
(P)
MOVE
EN ENO
132 IN OUT QB1

程序段 16　标题：

I1.0
M11.2
(P)
MOVE
EN ENO
0 IN OUT QB1

程序段 17　标题：

Q1.2
M11.3
(N)
T6
M0.2
( )
M0.2
T5
(SD)
S5T#30S

图 3－41　注塑机控制程序参考梯形图（三）

程序段 18　标题：

T5　M11.4 (P)　MOVE EN ENO　178 IN OUT QB1

程序段 19　标题：

Q1.1　Q1.4　T6 (SD)　S5T#3S

程序段 20　标题：

T6　M11.5 (P)　MOVE EN ENO　211 IN OUT QB1

程序段 21　标题：

I1.1　M11.6 (P)　MOVE EN ENO　0 IN OUT QB1

FB2：手动控制。

程序段 1　标题：

I2.1　MOVE EN ENO　0 IN OUT QB0

程序段 2　标题：

I1.3　I0.4　Q1.1 ( )　Q1.6 ( )

程序段 3　标题：

I1.6　I0.5　I0.3　Q1.3 ( )　Q1.6 ( )

图 3－41　注塑机控制程序参考梯形图（四）

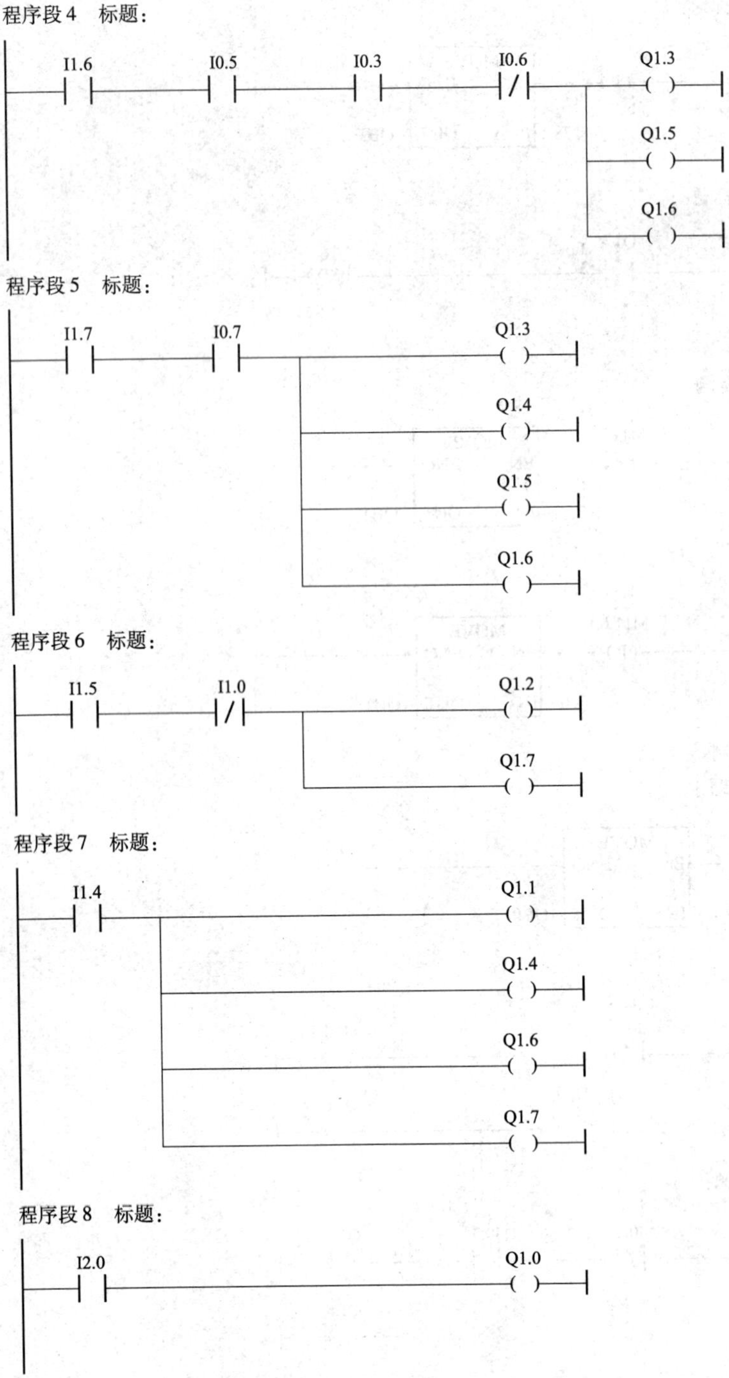

程序段4 标题：

I1.6 I0.5 I0.3 I0.6 Q1.3
Q1.5
Q1.6

程序段5 标题：

I1.7 I0.7 Q1.3
Q1.4
Q1.5
Q1.6

程序段6 标题：

I1.5 I1.0 Q1.2
Q1.7

程序段7 标题：

I1.4 Q1.1
Q1.4
Q1.6
Q1.7

程序段8 标题：

I2.0 Q1.0

图3－41 注塑机控制程序参考梯形图（五）

4. 系统的安装接线

（1）安装电气控制元件。

1）安装电气控制元件。在控制板上按布置图安装走线槽和所有电器元件，并贴上醒目的文字符号。安装时，组合开关、熔断器的受电端子应安装在控制板的外侧；元件排列要整齐、匀称，间距合理，且便于元件的更换，紧固元件时用力要均匀，紧固程度适当，做到既要使元件安装牢固，又不使元件损坏。

2）安装温度传感器和温度显示仪的注意事项。首先热电偶和热电阻的安装应尽可能保持垂直，以防止保护套管在高温下产生变形，但在有流速的情况下，则必须迎着被测介质的流向插入，以保证测温元件与流体的充分接触以保证其测量精度。另外热电偶和热电阻应尽量安装在有保护层的管道内，以防止热量散失。其次当热电偶和热电阻安装在负压管道中时，必须保证测量处的密封性，以防止外界冷空气进入，使读数偏低。当热电偶和热电阻安装在户外时，热电偶和热电阻的接线盒面盖应向上，入线口应向下，以避免雨水或灰尘进入接线盒，而损坏热电偶和热电阻接线盒内的接线影响其测量精度。应经常检查热电偶和热电阻温度计各处的接线情况，特别是热电偶温度计由于其补偿导线的材料硬度较高，非常容易和接线柱脱离造成断路故障，因此要接线良好不要过多碰动温度计的接线并经常检查，以获得正确的测量温度。

（2）连接 PLC、变频器电气控制线路。

1）注塑机 PLC、变频器调速控制系统的元件布置如图 3－42 所示，PLC 与变频器外部接线如图 3－39 所示。

首先将主、控回路按图 3－39 所示进行连线，并与实际操作中情况相结合。

2）经检查无误后方可通电。

5. 系统调试

（1）在通电后不要急于运行，应先检查各电气设备的连接是否正常，然后进行单一设备的逐个调试。

（2）按照系统要求进行变频器参数的设置。

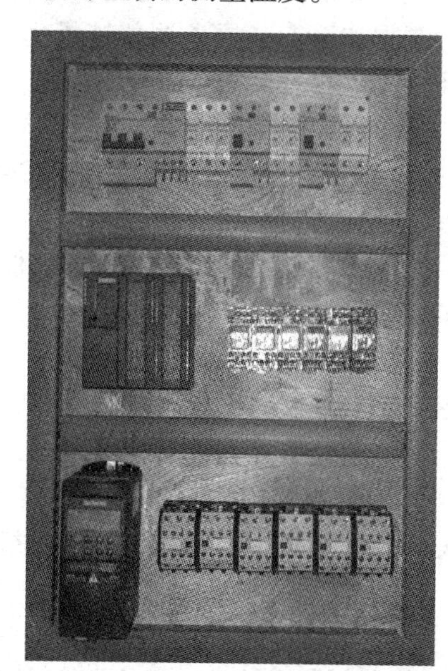

图 3－42　注塑机变频调速系统布置图

（3）按照系统要求进行 PLC 程序

的编写并传入 PLC 内，并进行模拟运行调试，观察输入和输出点是否和要求一致。

(4) 对整个系统统一调试，包括安全和运行情况的稳定性。

(5) 在系统正常情况下，接通启动开关，注塑机就开始按照控制要求自动运行。根据程序由变频器控制注塑机上三台电动机的转速，以达到多段速的控制，从而实现注塑机的自动控制。具体的调试包括整机调试、合模装置调试部分。

1）整机调试。

接通主电源，接通操纵箱上的主开关，并将操作方式选择开关置于点动或手动。先点动注塑机，检查油泵的运转方向是否正确。

空车时，手动操作机器空运转几次，观察指示灯、各种限位开关是否正确和灵敏。

检查接触器、限位开关、总停按钮工作是否正常、可靠、灵敏。

进行半自动操作试车和自动操作的试车，检查运转是否正常。

2）合模装置调试。

将模具稳妥地安装于动定模之间，再根据塑件大小，调整好行程滑块，限制动模板的开模行程。

调整好顶出机构，使之能够将成型塑件从模腔中顶出到预定距离。

根据加工工艺要求调整锁模力，一般应将锁模力调整到所需锁模力的下限。

调整所有行程开关至各自位置。

(6) 当系统停止时，按下停止按钮 SB2，注塑机完成当前周期后停止运行。

6. 注意事项

(1) 在注塑机的改造过程中，根据生产要求除自动控制外，还要设定出相应完善的保护功能。

(2) 在注塑机上安装变频器和 PLC 时，一定要注意安装环境，尽量避免安装在震动较大的场合。

(3) 在进行注塑机参数设定时，不同的模具是不相同的，对所有的新模具刚开始均要调试确定出相应的加工参数，本注塑机所列的参数仅是对某一个模具而言，不同的形状模具注塑机过程有所不同。

◎ [自我训练]

3.7.8 机械手设计、安装、调试训练

用 PLC 和变频器组合对机械手进行设计、安装与调试。

1. 任务要求

机械手动作示意如图 3－43 所示。

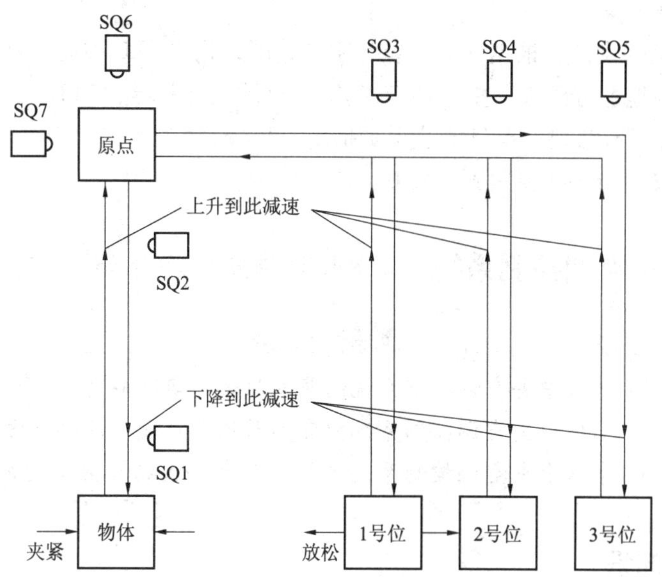

图 3－43　机械手动作示意图

（1）把启停开关拨动到开启位置，进入待机状态，机械手处于原点位置（SQ6、SQ7 闭合）。

（2）按动选位按钮 SB1 可进行选择放置物体位置。具体要求为：从第一次按下 SB1 开始，2s 内可连续按下多次该按钮，在此时间内按下按钮的次数将决定机械手放置物体的位置。如：2s 内按下 1 次，则把物体放到 1 号位，如按下 3 次或大于 3 次，则把物体放到 3 号位。

（3）机械臂的左右行驶由三相电动机 M1 的正反转来控制。机械手的上升下降由变频器来控制 M2，并进行如下调速设置：假如在上述 2s 时间内按动了 2 次 SB1，此时机械手开始启动下降，2s 内加速到最高速度（对应频率为 30Hz），当下降到 SQ1 时开始下降减速，减速时间为 4s；机械手停止后开始夹紧物体（夹紧时间 1s），然后上升加速，2s 内加速到最高速度（对应频率 30Hz），当运行到 SQ2 处开始上升减速，减速时间 2s，机械手压合 SQ6 并停止后开始右行，经过 SQ3 时不停，到达 SQ4 时（2 号位限位）停止右行，开始下降；下降过程同上要求，到位后放松物体并立即返回，上升过程同上，上升到位后返回原点停止第一次任务结束，并等待下一次任务。

（4）停止时，当前任务结束方可停止系统，并切断选位电路。

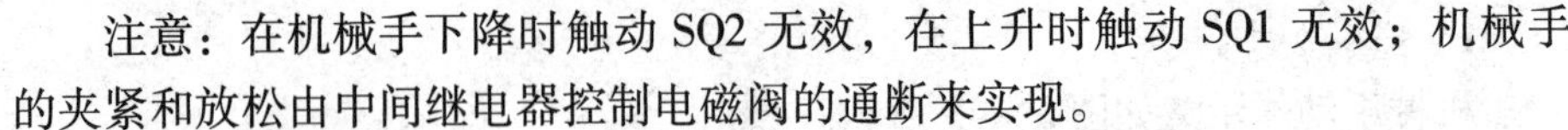

注意：在机械手下降时触动 SQ2 无效，在上升时触动 SQ1 无效；机械手的夹紧和放松由中间继电器控制电磁阀的通断来实现。

2. 技术要求

(1) 电路设计：根据任务，设计主电路图，列出 PLC 控制 I/O 口（输入/输出）元件地址分配表，根据加工工艺，设计梯形图及绘制 PLC、变频器接线图。并设计出有必要的电气安全保护措施。

(2) 安装与接线要紧固、美观，耗材要少。

3.8 中央空调控制系统

学习目的

1. 掌握中央空调控制系统的基本原理和实际应用。
2. 掌握中央空调控制系统中变频器的参数设置及控制方法。
3. 掌握中央空调控制系统中 PLC 和变频器结合使用的方法。

◎ [基础知识]

随着社会的发展人们生活水平的提高，中央空调的应用已非常普遍，中央空调是现代大厦物业、宾馆、商场不可缺少的设施，据调查统计，目前不少中央空调的能耗几乎占了建筑总能耗的 50% 或更高，如何既能保障建筑内部的舒适环境，又能降低空调的能源消耗，一直是建筑领域节能的一个重要课题。

中央空调一般采用 380V 的三相异步电动机，实践证明，在中央空调的循环系统（冷却泵和冷冻泵）中接入变频系统，利用变频技术改变电机转速来调节流量和压力的变化用来取代阀门控制流量，对中央空调进行节能改造的一条捷径。采用变频器控制中央空调不仅可实现温差，而且可以节电 30% ~ 60%，同时延长了空调的寿命。

3.8.1 中央空调的结构

中央空调系统主要有冷冻机组、冷却水塔、外部热交换系统等部分构成。其系统组成如图 3-44。

1. 冷冻机组

这是中央空调的制冷源，也叫制冷装置，通往各个房间的循环水由冷冻机组进行内部热交换，降温为冷冻水。

2. 冷却水塔

用于为冷冻机组提供冷却水。冷却水在盘旋流过冷冻主机后，带走冷冻主

机所产生的热量，使冷冻主机降温。

3. 外部热交换系统

中央空调的外部热交换主要由两个水循环系统来完成，即冷却水循环系统和冷冻水循环系统。如图 3－45 所示，压缩机不断地从蒸发器中抽取制冷剂蒸汽，低压制冷剂蒸汽在压缩机内部被压缩为高压蒸汽后进入冷凝器中，制冷剂和冷却水在冷凝器中进行热交换，制冷剂放热后变为高压液体，通过热力膨胀阀后，液态制冷剂压力急剧下降，变为低压液态制冷剂后进入蒸发器，在蒸发器中，低压液态制冷剂通过与冷冻水的热交换吸收冷冻水的热量，冷冻水通过盘管吹出冷风以达到降温的目的，温度升高了的循环水回到冷冻主机又成为冷冻水，而变为低压蒸汽的制冷剂，在通过回气管重新吸入压缩机，开始新的一轮制冷循环。而冷却水在与制冷剂完成热交换之后，由冷却水泵加压，通过冷却水管道到达散热塔与外界进行热交换，降温后的冷却水重新流入冷冻主机开始下一轮的循环。

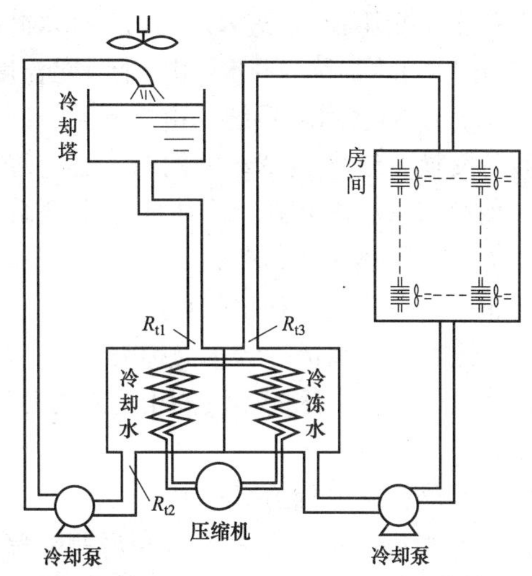

图 3－44　中央空调系统构成示意图

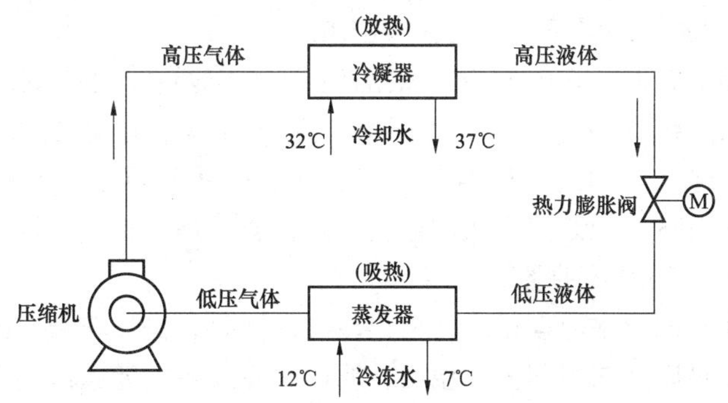

图 3－45　制冷压缩机系统的原理图

（1）冷冻水循环系统。冷冻水循环系统由冷冻泵及冷冻水管组成。水从冷冻机组流出，冷冻水由冷冻泵加压送入冷冻水管道，在各房间内进行热交换，带走房间内的热量，使房间内的温度下降。同时，冷冻水的温度升高，循环水温度升高，经冷冻机组后又变成冷冻水，如此往复循环。

从冷冻机组流出、进入房间的冷冻水简称为出水；流经所有的房间后回到冷冻机组的冷冻水简称为回水。由于回水的温度高于出水的温度，因而形成温差。

（2）冷却水循环系统。由冷却泵、冷却水管道及冷却塔组成。冷冻机组进行热交换，使水温冷却的同时，必将释放大量的热量。该热量被冷却水吸收，使冷却水温度升高。冷却泵将升了温的冷却水压入冷却塔，使之在冷却塔中与大气进行热交换，然后再将降了温的冷却水送回到冷冻机组。如此不断循环，带走了冷冻机组释放的热量。

流进冷冻机组的冷却水简称为进水；从冷冻机组流回冷却塔的冷却水简称为回水。同样，回水的温度高于进水的温度，也形成了温差。

4. 冷却风机

冷却风机有两种情况：

（1）室内风机。安装于所有需要降温的房间内，用于将由冷冻水冷却了的冷空气吹入房间，加速房间内的热交换。

（2）冷却塔风机。用于降低冷却塔中的水温，加速将回水带回的热量散发到大气中去。

可以看出，中央空调系统的工作过程是一个不断地进行热交换能量转换过程。在这里，冷冻水和冷却水循环系统是能量的主要传递者。因此，对冷冻水和冷却水循环系统的控制便是中央空调控制系统的重要组成部分。

5. 温度检测

通常使用热电阻或温度传感器检测冷冻水和冷却水的温度变化。

3.8.2 中央空调变频调速系统的基本控制原理

中央空调变频调速系统的控制依据是：中央空调系统的外部热交换由两个循环水系统来完成。循环水系统的回水与进（出）水温度之差，反映了需要进行热交换的热量。因此，根据回水与进（出）水温度之差来控制循环水的流动速度，从而达到控制热交换的速度，是比较合理的控制方法。

1. 冷冻水循环系统的控制

由于冷冻水的出水温度是冷冻机组冷冻的结果，是比较稳定的。单是回水温度的高低就足以反映房间内的温度，所以，冷冻泵的变频调速系统可以简单地根据回水温度进行如下控制：回水温度高，说明房间温度高，应提高冷冻泵的转速，加快冷冻水的循环速度；反之，回水温度低，说明房间温度低，可降低冷冻泵的转速，减缓冷冻水的循环速度，以节约能源。简言之，对于冷冻水循环系统，控制依据是回水温度，即通过变频调速，实现回水的恒温控制。

2. 冷却水循环系统的控制

由于冷却塔的水温是随环境温度而变的，其单侧水温不能准确地反映冷冻

机组内产生热量的多少。所以，对于冷却泵，以进水和回水间的温差作为控制依据，实现进水和回水间的恒温差控制是比较合理的。温差大，说明冷冻机组产生的热量大，应提高冷却泵的转速，增大冷却水的循环速度；反之则减缓冷却水的循环速度，以节约能源。

变频器控制系统是通过安装在冷却水系统回水主管上的温度传感器来检测冷却水的回水温度，并可直接通过设定变频器参数使系统温度在需要的范围内，如图 3－46 所示。

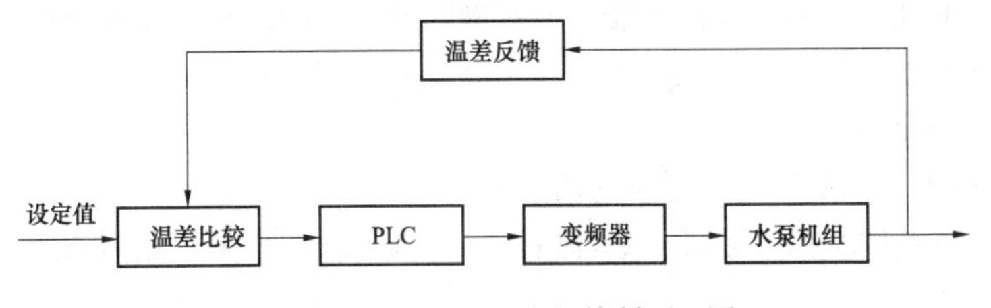

图 3－46　中央空调变频控制原理图

3.8.3　中央空调变频调速意义

冷却水系统闭环控制采用检测的冷却水回水温度组成闭环系统进行变频调调速调节，这种控制方式的优点有：

（1）只需要在中央空调冷却管的出水端安装一个温度传感器，简单可靠。

（2）当冷却水出水温度高于温度上限设定值时，频率直接优先上调至上限频率。

（3）当冷却水出水温度低于温度下限设定值时，频率直接优先下调至下限频率。采用冷却进管进、出水温度差来调节很难达到这点。

（4）当冷却水出水温度介于温度下限设定值与温度上限设定值之间时，通过对冷却水出水温度及温度上、下限设定值进行变频器调节，从而达到对频率的调速，闭环控制迅速准确。

（5）节能效果更为明显。在中央空调系统中，冷冻水泵和冷却水泵的容量是根据建筑物最大设计热负荷选定的，且留有一定的设计余量。在没有使用调速的系统中，水泵一年四季在工频状态下全速运行，只好采用节流或回流的方式来调节流量，产生大量的节流或回流损失，且对水泵电动机而言，由于它是在工频下全速运行，造成了能量的大大浪费。采用上、下限温度变频调节方式，节能效果更为明显，通过对多家用户市场调查，平均节电率提高 5% 以上，节电率达到 20% ～40% 。

（6）具有首次起动全速运行功能。通过设定变频器参数中的数值可使冷冻水系统充分交换一段时间，避免由于刚起动运行时热交换不充分而引起的系统水流量过小。

（7）延长电动机及电控元件的寿命。在非变频控制电路中水泵采用的是Y—△启动方式，电动机的启动电流均为其额定电流的3～4倍，在如此大的电流冲击下，接触器、电动机的使用寿命大大下降，同时，启动时的机械冲击和停泵时水垂现象，容易对机械散件、轴承、阀门、管道等造成破坏，从而增加维修工作量和备品、备件费用。而变频器控制是软启动方式，采用变频器控制电动机后，电动机在启动时及运转过程中均无冲击电流，而冲击电流是影响接触器、电动机使用寿命最主要、最直接的因素，同时采用变频器控制电动机后还可避免水垂现象，因此可大大延长电动机、接触器及机械散件、轴承、阀门、管道的使用寿命。

3.8.4 中央空调变频调速系统的切换方式

中央空调的水循环系统一般都由若干台水泵组成。采用变频调速时，可以有两种方案：

1. 一台变频器方案

若干台冷冻泵由一台变频器控制，若干台冷却泵由另一台变频器控制。现对三台水泵进行控制，各台泵之间的切换方法如下：

（1）先启动1号泵，进行恒温度（差）控制。

（2）当1号泵的工作频率上升至50Hz时，将它切换至工频电源；同时将变频器的给定频率迅速降到0Hz，使2号泵与变频器相接，并开始起动，进行恒温度（差）控制。

（3）当2号泵的工作频率上升至50Hz时，切换至工频电源；同时将变频器的给定频率迅速降到0Hz，使3号泵与变频器相接，并开始启动，进行恒温度（差）控制。

（4）当3号泵的工作频率下降至设定的下限切换频率时，则将1号泵停机。

（5）当3号泵的工作频率再次下降至设定的下限切换频率时，将2号泵停机。这时，只有3号泵处于变频调速状态。

这种方案的主要优点是只用一台变频器，设备投资较少；缺点是节能效果稍差。

2. 全变频方案

即所有的冷冻泵和冷却泵都采用变频调速。其切换方法如下：

（1）先启动1号泵，进行恒温度（差）控制。

（2）当工作频率上升至设定的切换上限值（通常可小于50Hz，如48Hz）时，启动2号泵，1号泵和2号泵同时进行变频调速，实现恒温度（差）控制。

（3）当工作频率又上升至切换上限值时，启动3号泵，三台泵同时进行

变频调速，实现恒温度（差）控制。

（4）当三台泵同时运行，而工作频率下降至设定的下限切换值时，可关闭3号泵，使系统进入两台运行的状态，当频率继续下降至下限切换值时，关闭2号泵，进入单台运行状态。

全频调速系统由于每台泵都要配置变频器，故设备投资较高，但节能效果却要好得多。

3.8.5 中央空调控制系统的自动控制运行

对于系统的恒温控制，结合工艺和用户实际应用要求，对中央空调的温度调节控制，可采用变频器PID运算的一种控制，也可采用变频器的多段速进行控制。本项目采用多段速进行中央空调的自动恒温控制。

◎［实战演练］

3.8.6 训练内容

利用变频器通过控制压缩机的速度来实现温度控制，温度信号的采集由温度传感器完成。整个系统可由PLC和变频器配合实现自动恒温控制。系统控制要求如下：

（1）某空调冷却系统有三台水泵，按设计要求每次运行两台，一台备用，10天轮换一次。

（2）冷却进（回）水温差超出上限温度时，一台水泵全速运行，另一台变频高速运行，冷却进（回）水温差小于下限温度时，一台泵停止运行，另一台水泵变频低速运行。

（3）三台泵分别由电动机M1、M2、M3拖动，全速运行由KM1、KM3、KM5三个接触器控制，变频调速分别由KM2、KM4、KM6三个接触器控制。

（4）变频调速通过变频器的七段速度实现控制，见表3-19。

（5）全速冷却泵的开启与停止由进（回）水温差控制。

表3-19　变频器的七段速度

速　度	速度1	速度2	速度3	速度4	速度5	速度6	速度7
频率（Hz）	10	15	20	25	30	40	50

3.8.7 设备、工具和材料准备

（1）工具。电工工具1套，电动工具及辅助测量用具等。

（2）仪表。MF—500B型万用表、数字万用表DT9202、5050型绝缘电阻表、频率计、测速表。

（3）器材。西门子MM420变频器、电动机5.5kW 、西门子S7—300PLC

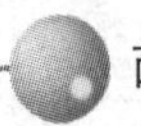

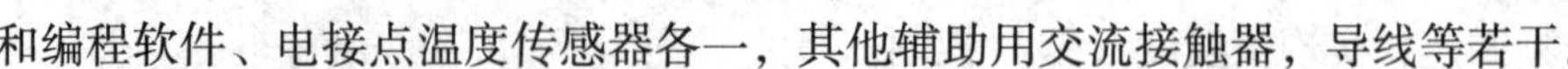

和编程软件、电接点温度传感器各一，其他辅助用交流接触器，导线等若干。

3.8.8 操作步骤

1. 系统设计及接线

根据系统控制要求进行 PLC、变频器设计同时进行系统控制接线。

(1) 分析电路控制要求，结合中央空调制冷原理和要求；主电路的连接如图 3-47 所示。

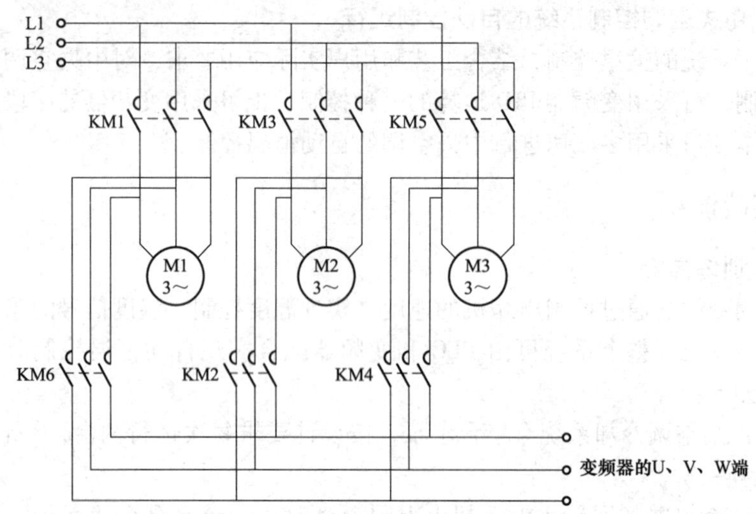

图 3-47 冷却泵主回路接线图

(2) S7—300 PLC 的 I/O 接口分配见表 3-20。

表 3-20 S7—300 PLC 的 I/O 接口分配表

输入			输出		
输入地址	元件	作用	输出地址	元件	作用
I0.0	SB1	停止按钮	Q0.0	KA1	M1 工频
I0.1	SB2	启动按钮	Q0.1	KA2	M2 变频
I0.2	SL1	温差上限	Q0.2	KA3	M2 工频
I0.3	SL2	温差下限	Q0.3	KA4	M3 变频
			Q0.4	KA5	M3 工频
			Q0.5	KA6	M1 变频
			Q0.6	3 端	变频器运行
			Q0.7	5 端	变频器 DIN1
			Q1.0	6 端	变频器 DIN2
			Q1.1	7 端	变频器 DIN3

(3) 中央空调控制系统 PLC 状态转移如图 3－48 所示，PLC 参考程序如图 3－49 所示。

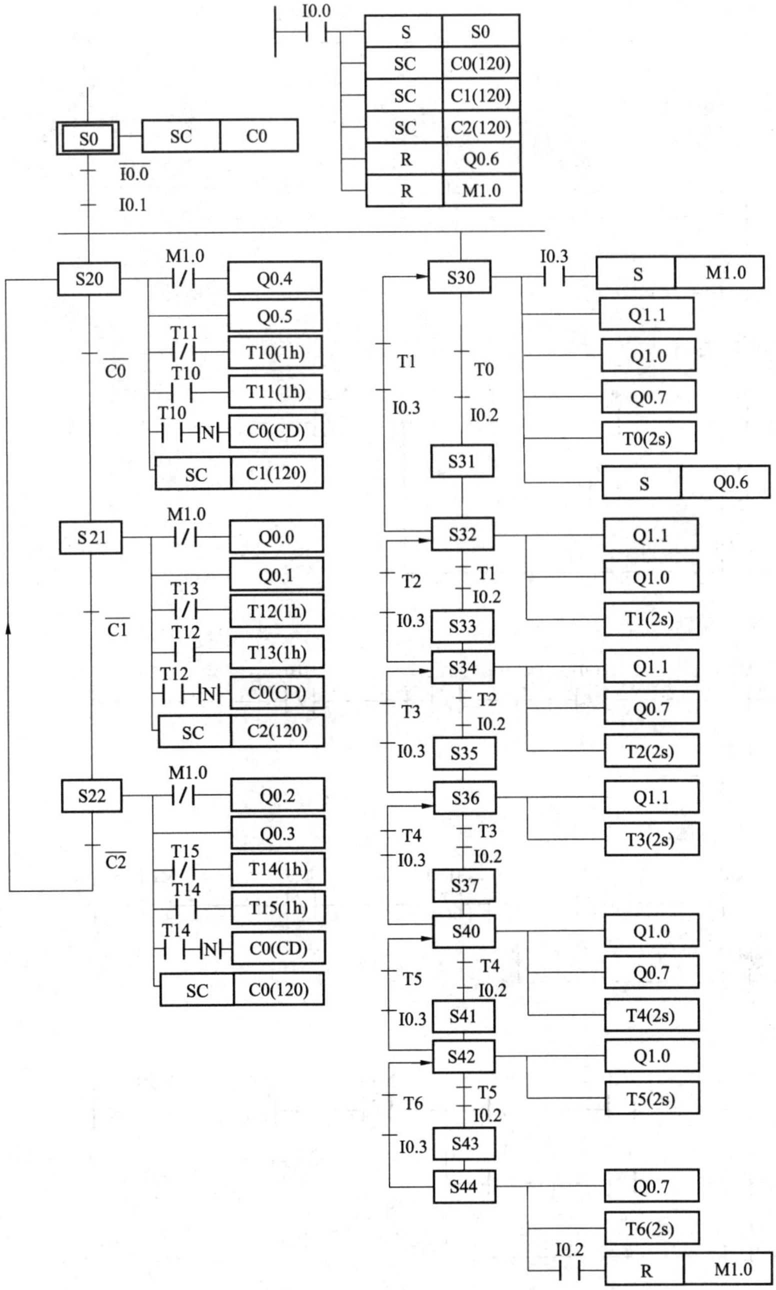

I0.0
S S0
SC C0(120)
SC C1(120)
SC C2(120)
R Q0.6
R M1.0

S0 — SC C0
$\overline{I0.0}$
I0.1

S20 — M1.0 Q0.4; Q0.5; T11 T10(1h); T10 T11(1h); T10 N C0(CD); SC C1(120)
$\overline{C0}$

S21 — M1.0 Q0.0; Q0.1; T13 T12(1h); T12 T13(1h); T12 N C0(CD); SC C2(120)
$\overline{C1}$

S22 — M1.0 Q0.2; Q0.3; T15 T14(1h); T14 T15(1h); T14 N C0(CD); SC C0(120)
$\overline{C2}$

S30 — I0.3 S M1.0; Q1.1; Q1.0; Q0.7; T0(2s); S Q0.6
T0 I0.2 → S31; T1 I0.3 → S32
S32 — Q1.1; Q1.0; T1(2s)
T1 I0.2 → S33; T2 I0.3 → S34
S34 — Q1.1; Q0.7; T2(2s)
T2 I0.2 → S35; T3 I0.3 → S36
S36 — Q1.1; T3(2s)
T3 I0.2 → S37; T4 I0.3 → S40
S40 — Q1.0; Q0.7; T4(2s)
T4 I0.2 → S41; T5 I0.3 → S42
S42 — Q1.0; T5(2s)
T5 I0.2 → S43; T6 I0.3 → S44
S44 — Q0.7; T6(2s); I0.2 R M1.0

图 3－48　中央空调 PLC 状态转移图

OB100：“中央空调”。

程序段 1　标题：

OB1：“中央空调”

程序段 1　标题：

程序段 2　标题：

程序段 3　标题：

程序段 4　标题：

程序段 5　标题：

图 3-49　中央空调控制系统 PLC 参考程序（一）

程序段 6　标题：

M3.0　I0.2　T0　M3.2　I0.0　M3.1

M3.1

程序段 7　标题：

M3.1　M3.3　M3.0　I0.0　M3.2

M3.4　I0.3　T2

M3.2

程序段 8　标题：

M3.2　I0.2　T1　M3.4　I0.0　M3.3

M3.3

程序段 9　标题：

M3.3　M3.5　M3.2　I0.0　M3.4

M3.6　I0.3　T3

M3.2

程序段 10　标题：

M3.4　I0.2　T2　M3.6　I0.0　M3.5

M3.5

图 3－49　中央空调控制系统 PLC 参考程序（二）

程序段 11　标题：

```
M3.5                                      M3.7   M3.4   I0.0    M3.6
─┤ ├──────────────────────────────┬──┤/├────┤/├────┤/├────( )─
M4.0        I0.3        T4        │
─┤ ├────────┤ ├────────┤ ├────────┤
M3.6                              │
─┤ ├──────────────────────────────┘
```

程序段 12　标题：

```
M3.6        I0.2        T3         M4.0        I0.0        M3.7
─┤ ├────────┤ ├────────┤ ├───┬────┤/├─────────┤/├────────( )─
M3.7                         │
─┤ ├─────────────────────────┘
```

程序段 13　标题：

```
M3.7                                      M4.1   M3.6   I0.0    M4.0
─┤ ├──────────────────────────────┬──┤/├────┤/├────┤/├────( )─
M4.2        I0.3        T5        │
─┤ ├────────┤ ├────────┤ ├────────┤
M4.0                              │
─┤ ├──────────────────────────────┘
```

程序段 14　标题：

```
M4.0        I0.2        T4         M4.2        I0.0        M4.1
─┤ ├────────┤ ├────────┤ ├───┬────┤/├─────────┤/├────────( )─
M4.1                         │
─┤ ├─────────────────────────┘
```

程序段 15　标题：

```
M4.1                                      M4.3   M4.0   I0.0    M4.2
─┤ ├──────────────────────────────┬──┤/├────┤/├────┤/├────( )─
M4.4        I0.3        T6        │
─┤ ├────────┤ ├────────┤ ├────────┤
M4.2                              │
─┤ ├──────────────────────────────┘
```

图 3－49　中央空调控制系统 PLC 参考程序（三）

程序段 16　标题：

程序段 17　标题：

程序段 18　标题：

程序段 19　标题：

程序段 20　标题：（一）

图 3－49　中央空调控制系统 PLC 参考程序（四）

程序段 20　标题：（二）

```
T13                               T12
─┤/├──────────────────────────────(SD)─┤
                                  S5T#1H
T12                               T13
─┤ ├──────────────────────────────(SD)─┤
                                  S5T#1H
T12              M1.2             C1
─┤ ├─────────────(N)──────────────(CD)─┤
                                  C2
──────────────────────────────────(SC)─┤
                                  C#120
```

程序段 21　标题：

```
   M2.2          M1.0                  Q0.2
──┤ ├────┬──────┤/├────────────────────( )─┤
         │                             Q0.3
         ├─────────────────────────────( )─┤
         │       T15                   T124
         ├──────┤/├───────────────────(SD)─┤
         │                             S5T#1H
         │       T14                   T15
         ├──────┤ ├───────────────────(SD)─┤
         │                             S5T#1H
         │       T14         M1.3      C2
         ├──────┤ ├─────────(N)───────(CD)─┤
         │                             C0
         └────────────────────────────(SC)─┤
                                       C#120
```

程序段 22　标题：

```
   M3.0          I0.3                  M1.0
──┤ ├────┬──────┤ ├────────────────────(S)─┤
         │                             T0
         ├────────────────────────────(SD)─┤
         │                             S5T#2S
         │                             Q0.6
         └─────────────────────────────(S)─┤
```

图 3－49　中央空调控制系统 PLC 参考程序（五）

程序段 23　标题：

```
     M3.2                              T1
----| |--------------------------------( SD )--|
                                       S5T#2S
```

程序段 24　标题：

```
     M3.4                              T2
----| |--------------------------------( SD )--|
                                       S5T#2S
```

程序段 25　标题：

```
     M3.6                              T3
----| |--------------------------------( SD )--|
                                       S5T#2S
```

程序段 26　标题：

```
     M4.0                              T4
----| |--------------------------------( SD )--|
                                       S5T#2S
```

程序段 27　标题：

```
     M4.2                              T5
----| |--------------------------------( SD )--|
                                       S5T#2S
```

程序段 28　标题：

```
     M4.4                              T6
----| |----+---------------------------( SC )--|
           |                           S5T#2S
           |
           |     I0.2                  M1.0
           +----| |--------------------( R )---|
```

程序段 29　标题：

```
     M3.0                              Q1.1
----| |----+---------------------------(   )---|
     M3.2  |
----| |----+
     M3.4  |
----| |----+
     M3.6  |
----| |----+
```

图 3－49　中央空调控制系统 PLC 参考程序（六）

程序段 30　标题：

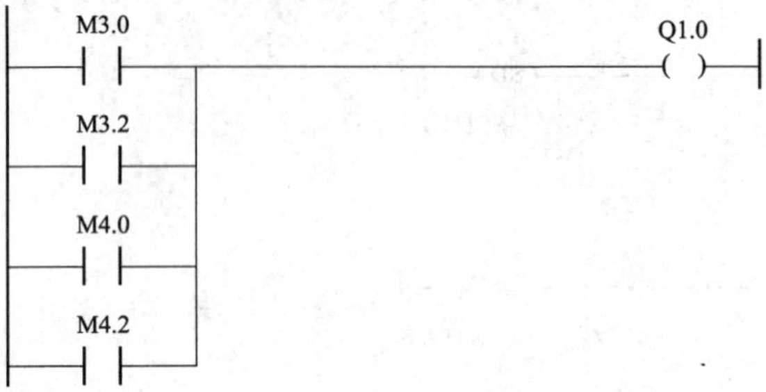

程序段 31　标题：

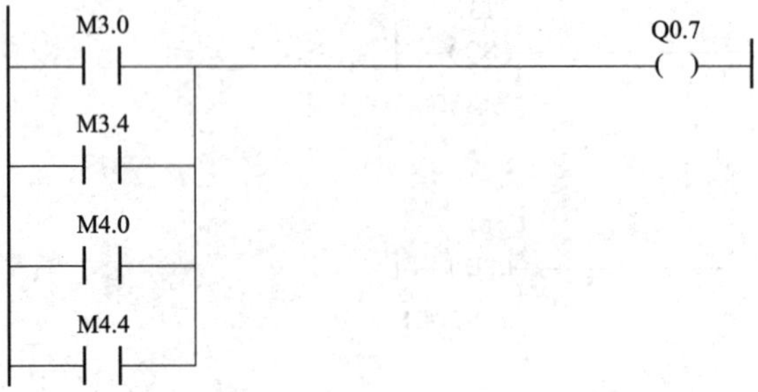

程序段 32　标题：

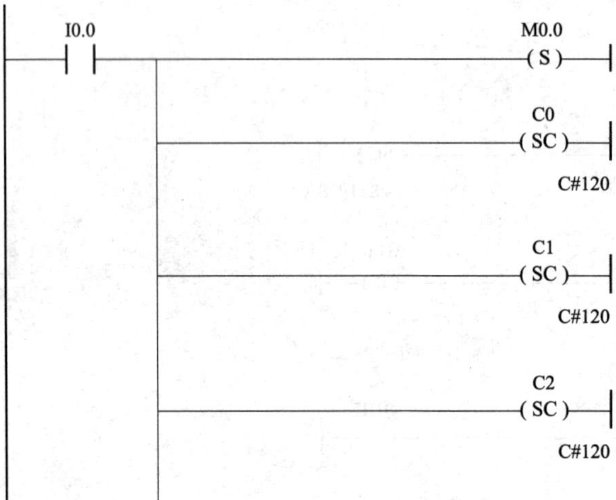

图 3－49　中央空调控制系统 PLC 参考程序（七）

（4）中央空调控制系统 MM420 变频器参数设置，见表 3－21。

表 3－21　　中央空调控制系统 MM420 变频器参数设置表

参数号	设定值	说　明
P0003	3	用户访问所有参数
P0010	1	快速调试
P0100	0	功率以 kW 表示，频率为 50Hz
P0304	380	电动机额定电压（V）
P0305	13	电动机额定电流（A）
P0307	0.55	电动机额定功率（kW）
P0309	91	电动机额定效率（%）
P0310	50	电动机额定频率（Hz）
P0311	1400	电动机额定转速（r/min）
P0700	2	命令源选择“由端子排输入”
P0701	17	DIN1 选择按二进制编码选择频率 + ON
P0702	17	DIN2 选择按二进制编码选择频率 + ON
P0703	17	DIN3 选择按二进制编码选择频率 + ON
P0704	1	DIN4 运行
P0725	1	端子 DIN 输入为高电平有效
P1000	3	选择固定频率设定值
P1001	50	设置固定频率 f_1（Hz）
P1002	40	设置固定频率 f_2（Hz）
P1003	30	设置固定频率 f_3（Hz）
P1004	25	设置固定频率 f_4（Hz）
P1005	20	设置固定频率 f_5（Hz）
P1006	15	设置固定频率 f_6（Hz）
P1007	10	设置固定频率 f_7（Hz）
P1016	3	固定频率方式—位 0 按二进制编码选择 + ON
P1017	3	固定频率方式—位 1 按二进制编码选择 + ON
P1018	3	固定频率方式—位 2 按二进制编码选择 + ON
P1080	0	电动机运行的最低频率（Hz）
P1082	50	电动机运行的最高频率（Hz）
P1120	1	加速时间（s）
P1121	1	减速时间（s）

(5) 中央空调控制系统的元件布置如图 3－50 所示，系统原理如图 3－51 所示。

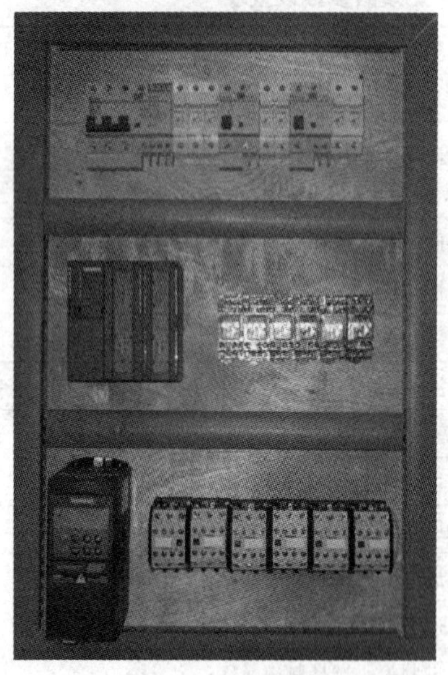

图 3－50 中央空调变频调速系统布置图

2. 系统的安装接线及运行调试

(1) 首先将主、控回路按 3－51 图进行连线，并与实际操作中情况相结合。

(2) 经检查无误后方可通电。

(3) 在通电后不要急于运行，应先检查各电气设备的连接是否正常，然后进行单一设备的逐个调试。

(4) 按照系统要求进行 PLC 程序的编写并传入 PLC 内，并进行模拟运行调试，观察输入和输出点是否和要求一致。

(5) 按照系统要求进行变频器参数的设置。

(6) 对整个系统统一调试，包括安全和运行情况的稳定性。

(7) 在系统正常情况下，按下合闸按钮，就开始按照控制要求运行调试。根据程序由变频器控制高炉卷扬上料系统电动的转速，以达到多段速的控制，从而实现空调制冷系统的恒温差控制。

(8) 按下停止按钮 SB5，电动机停止运行。按下分闸按钮，变频器电源断开。

3. 注意事项

(1) 线路必须检查清楚才能上电。

(2) 在系统运行调整中要有准确的实际记录，是否温度变化范围小，运行是否平稳，以及节能效果如何。

(3) 对运行中出现的故障现象准确的描述分析。

(4) 注意在电动机不得长期超负荷运行，否则电动机和变频器将过载而停止运行。

(5) 注意不能使变频器的输出电压和工频电压同时加于同一的电机，否则会损坏变频器。

(6) 在运行过程中要认真观测，高炉卷扬上料系统的变频自动控制方式

及特点。

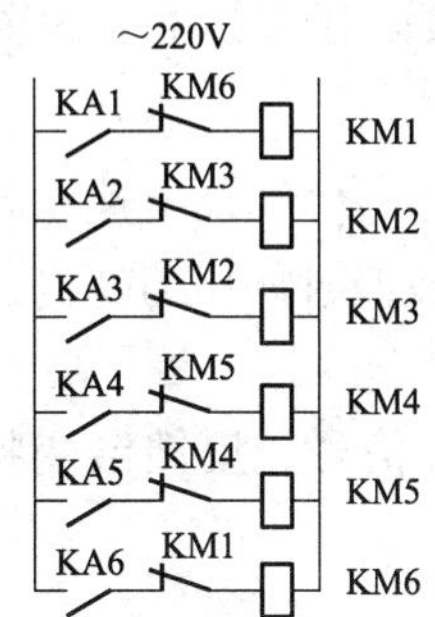

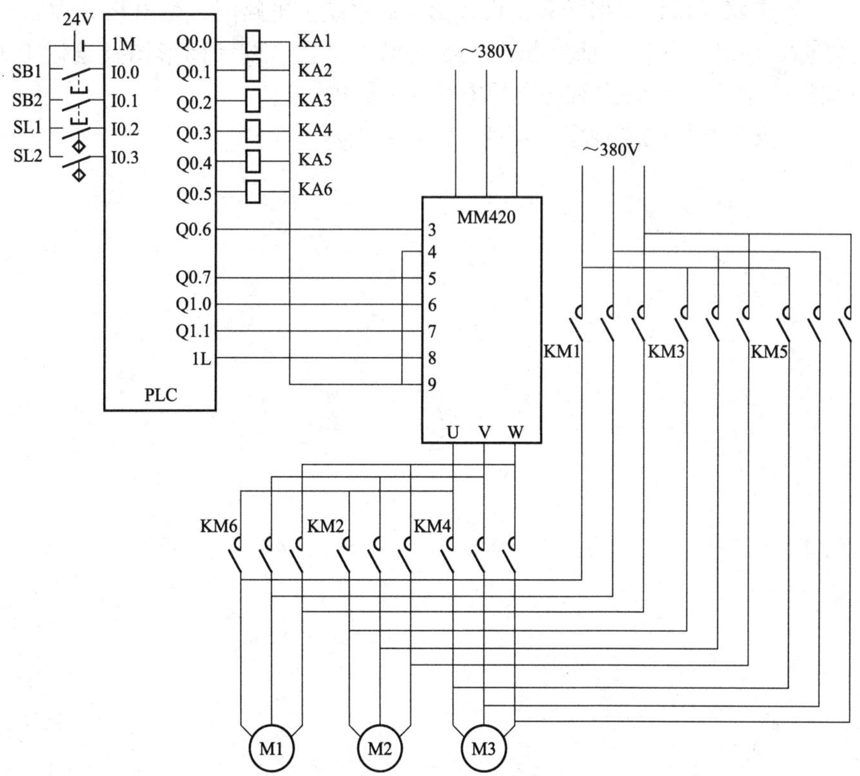

图 3－51　中央空调变频调速系统原理图

◎ [自我训练]

3.8.9　恒压供气设计、安装、调试训练

用 PLC 和变频器组合对恒压供气进行设计、安装与调试。

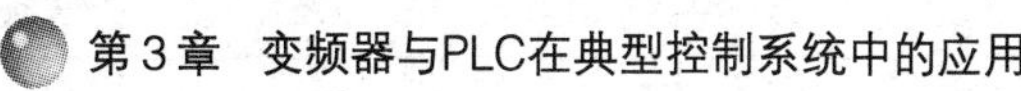

1. 任务

（1）用两台电动机拖动两台气泵，一台变频器控制一台电动机实现变频调速，另一台工频运行。

（2）如一台气泵变频到50Hz压力还不够，则另一台气泵全速运行；当压力超过上限压力时，变频泵速度逐渐下降，当降至最低时如压力还高，切断全速泵，由一台变频泵变频调速控制压力。

（3）变频调速采用传感器输出的4～20mA标准信号，反馈给变频器进行PID运算调节输出转速控制。

2. 任务要求

（1）电路设计：根据任务，设计出控制系统主电路图，列出PLC控制I/O口（输入/输出）元件地址分配表，根据加工工艺，设计梯形图及绘制PLC、变频器接线图。并设计出有必要的电气安全保护措施。

（2）安装与接线要紧固、美观，耗材要少。

附录　MM420 参数表

参数	说　明
P0003	用户访问级 0 用户定义的参数表，有关使用方法的详细情况请参看 P0013 的说明。 1 标准级：可以访问最经常使用的一些参数。 2 扩展级：允许扩展访问参数的范围，例如变频器的 I/O 功能。 3 专家级：只供专家使用。 4 维修级：只供授权的维修人员使用，具有密码保护
P0004	参数过滤器 0 全部参数。 2 变频器参数。 3 电动机参数。 7 命令，二进制 I/O。 8 ADC（模—数转换）和 DAC（数—模转换）。 10 设定值通道/RFG（斜坡函数发生器）。 12 驱动装置的特征。 13 电动机的控制。 20 通信。 21 报警/警告/监控。 22 工艺参量控制器（例如 PID）。 P0005　显示选择。 21 实际频率。 25 输出电压。 26 直流回路电压。 27 输出电流
P0006	显示方式 在“运行准备”状态下，交替显示频率的设定值和输出频率的实际值。在“运行”状态下，只显示输出频率。 1 在“运行准备”状态下，显示频率的设定值。在“运行”状态下，显示输出频率。 2 在“运行准备”状态下，交替显示 P0005 的值和 r0020 的值。在“运行”状态下，只显示 P0005 的值。 3 在“运行准备”状态下，交替显示 r0002 值和 r0020 值。在“运行”状态下，只显示 r0002 的值。 4 在任何情况下都显示 P0005 的值

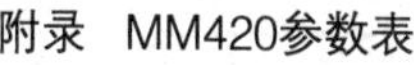

续表

参数	说　明
P0007	背光延迟时间
P0010	调试参数过滤器 0 准备。 1 快速调试。 2 变频器。 29 下载。 30 工厂的设定值
P0011	“锁定”用户定义的参数
P0012	用户定义的参数“解锁”
P0013	[20]　用户定义的参数 第 1 步：设定 P0003 = 3（专家级用户）。 第 2 步：转到 P0013 的下标 0 ~ 16（用户列表）。 第 3 步：将用户定义的列表中要求看到的有关参数输入 P0013 的下标 0 ~ 16。 以下这些数值是固定的，并且是不可修改的： - P0013 下标 19 = 12（用户定义的参数解锁）。 - P0013 下标 18 = 10（调试参数过滤器）。 - P0013 下标 17 = 3（用户访问级）。 第 4 步：设定 P0003 = 0，使用户定义的参数有效
P0040	能量消耗计量表复位
P0100	使用地区：欧洲/北美。 0 欧洲——［kW］，频率缺省值 50Hz。 1 北美——［hp］，频率缺省值 60Hz。 2 北美——［kW］，频率缺省值 60Hz
P0201	功率组件的标号
P0290	变频器过载时的反应措施 0 降低输出频率（通常只是在变转矩控制方式时有效）。 1 跳闸（F0004）。 2 降低调制脉冲频率和输出频率。 3 降低调制脉冲频率，然后跳闸（F0004）
P0291	变频器保护的配置
P0292	变频器的过载报警
P0294	变频器 I^2t 过载报警

续表

参数	说　明
P0295	变频器冷却风机断电延迟时间
P0300	选择电动机的类型 1 异步电动机。 2 同步电动机
P0304	电动机额定电压
P0305	电动机额定电流
P0307	电动机额定功率
P0308	电动机的额定功率因数
P0309	电动机的额定效率
P0310	电动机的额定频率
P0311	电动机的额定速度
P0335	电动机的冷却 0 自冷：采用安装在电动机轴上的风机进行冷却。 1 强制冷却：采用单独供电的冷却风机进行冷却。 P0340　电动机参数的计算。 0 不计算。 1 完全参数化
P0344	电动机的质量
P0346	磁化时间
P0347	祛磁时间
P0350	定子电阻（线间） (1) 根据下列参数计算 P0340 = 1（根据铭牌输入的数据）或 P3900 = 1，2 或 3（结束快速调试）。 (2) 用下列参数测量 P1910 = 1（电动机数据自动检测 - 重写定子电阻值）。 (3) 用欧姆表手动测量
P0610	电动机 I^2t 过温的应对措施 0 除报警外无应对措施。 1 报警，并降低最大电流 I_{max}（引起输出频率降低）。 2 报警和跳闸（F0011）
P0611	电动机 I^2t 时间常数
P0614	电动机 I^2t 过载报警电平

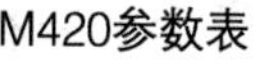

续表

参数	说　明
P0640	电动机过载因子［%］
P0700	选择命令 0 工厂的缺省设置。 1 BOP（键盘）设置。 2 由端子排输入。 4 通过 BOP 链路的 USS 设置。 5 通过 COM 链路的 USS 设置。 6 通过 COM 链路的通信板（CB）设置
P0701	数字输入 1 的功能 0 禁止数字输入。 1 ON/OFF1（接通正转/停车命令 1）。 2 ON reverse/OFF1（接通反转/停车命令 1）。 3 OFF2（停车命令 2），按惯性自由停车。 4 OFF3（停车命令 3），按斜坡函数曲线快速降速停车。 9 故障确认。 10 正向点动。 11 反向点动。 12 反转。 13 MOP（电动电位计）升速（增加频率）。 14 MOP 降速（减少频率）。 15 固定频率设定值（直接选择）。 16 固定频率设定值（直接选择 + ON 命令）。 17 固定频率设定值（二进制编码选择 + ON 命令）。 25 直流注入制动。 29 由外部信号触发跳闸。 33 禁止附加频率设定值。 99 使能 BICO 参数化
P0702	数字输入 2 的功能
P0703	数字输入 3 的功能
P0704	数字输入 4 的功能
P0719	命令和频率设定值的选择。 0 “命令 = BICO 参数　　设定值 = BICO 参数”。 1 “命令 = BICO 参数　　设定值 = MOP 设定值”。 2 “命令 = BICO 参数　　设定值 = 模拟设定值”。 3 “命令 = BICO 参数　　设定值 = 固定频率”

续表

参数	说　　明
P0719	4“命令 = BICO 参数　设定值 = BOP 链路的 USS”。 5“命令 = BICO 参数　设定值 = COM 链路的 USS”。 6“命令 = BICO 参数　设定值 = COM 链路的 CB”。 10“命令 = BOP　设定值 = BICO 参数”。 11“命令 = BOP　设定值 = MOP 设定值”。 12“命令 = BOP　设定值 = 模拟设定值”。 13“命令 = BOP　设定值 = 固定频率”。 14“命令 = BOP　设定值 = BOP 链路的 USS”。 15“命令 = BOP　设定值 = COM 链路的 USS”。 16“命令 = BOP　设定值 = COM 链路的 CB”。 40“命令 = BOP 链路的 USS　设定值 = BICO 参数”。 41“命令 = BOP 链路的 USS　设定值 = MOP 设定值”。 42“命令 = BOP 链路的 USS　设定值 = 模拟设定值”。 43“命令 = BOP 链路的 USS　设定值 = 固定频率”。 44“命令 = BOP 链路的 USS　设定值 = BOP 链路的 USS”。 45“命令 = BOP 链路的 USS　设定值 = COM 链路的 USS”。 46“命令 = BOP 链路的 USS　设定值 = COM 链路的 CB”。 50“命令 = COM 链路的 USS　设定值 = BICO 参数”。 51“命令 = COM 链路的 USS　设定值 = MOP 设定值”。 52“命令 = COM 链路的 USS　设定值 = 模拟设定值”。 53“命令 = COM 链路的 USS　设定值 = 固定频率”。 54“命令 = COM 链路的 USS　设定值 = BOP 链路的 USS”。 55“命令 = COM 链路的 USS　设定值 = COM 链路的 USS”。 56“命令 = COM 链路的 USS　设定值 = COM 链路的 CB”。 60“命令 = COM 链路的 CB　设定值 = BICO 参数”。 61“命令 = COM 链路的 CB　设定值 = MOP 设定值”。 62“命令 = COM 链路的 CB　设定值 = 模拟设定值”。 63“命令 = COM 链路的 CB　设定值 = 固定频率”。 64“命令 = COM 链路的 CB　设定值 = BOP 链路的 USS”。 65“命令 = COM 链路的 CB　设定值 = COM 链路的 USS”。 66“命令 = COM 链路的 CB　设定值 = COM 链路的 CB”。 说明：这一参数不能改变任何一个原来设定的“BICO 互联连接”
P0724	数字输入采用的防颤动时间 0 无防颤动时间。 1 防颤动时间为 2.5ms。 2 防颤动时间为 8.2ms。 3 防颤动时间为 12.3ms

续表

参数	说　明
P0725	PNP/NPN 数字输入。 0 NPN 方式 = = > 低电平有效。 1 PNP 方式 = = > 高电平有效
P0731	BI：数字输出 1 的功能。 52. 0 变频器准备 0 闭合。 52. 1 变频器运行准备就绪 0 闭合。 52. 2 变频器正在运行 0 闭合。 52. 3 变器故障 0 闭合。 52. 4 OFF2 停车命令有效 1 闭合。 52. 5 OFF3 停车命令有效 1 闭合。 52. 6 禁止合闸 0 闭合。 52. 7 变频器报警 0 闭合。 52. 8 设定值/实际值偏差过大 1 闭合。 52. 9 PZD 控制（过程数据控制）0 闭合。 52. A 已达到最大频率 0 闭合。 52. B 电动机电流极限报警 1 闭合。 52. C 电动机抱闸（MHB）投入 0 闭合。 52. D 电动机过载 1 闭合。 52. E 电动机正向运行 0 闭合。 52. F 变频器过载 1 闭合。 53. 0 直流注入制动投入 0 闭合。 53. 1 变频器频率低于跳闸极限值 0 闭合。 53. 2 变频器低于最小频率 0 闭合。 53. 3 电流大于或等于极限值 0 闭合。 53. 4 实际频率大于比较频率 0 闭合。 53. 5 实际频率低于比较频率 0 闭合。 53. 6 实际频率大于/等于设定值 0 闭合。 53. 7 电压低于门限值 0 闭合。 53. 8 电压高于门限值 0 闭合。 53. A PID 控制器的输出在下限幅值（P2292）0 闭合。 53. B PID 控制器的输出在上限幅值（P2291）0 闭合
P0748	数字输出反相
P0753	ADC 的平滑时间
P0756	ADC 的类型 0 单极性电压输入（0 ~ +10 V）。 1 带监控的单极性电压输入（0 ~ +10 V）

续表

参数	说　明
P0757	标定 ADC 的 x1 值 [V]
P0759	标定 ADC 的 x2 值 [V]
P0760	标定 ADC 的 y2 值
P0761	ADC 死区的宽度 [V]
P0762	信号丢失的延迟时间
P0771	CI：DAC 的功能 21 CO：实际频率（按 P2000 标定）。 24 CO：实际输出频率（按 P2000 标定）。 25 CO：实际输出电压（按 P2001 标定）。 26 CO：实际直流回路电压（按 P2001 标定）。 27 CO：实际输出电流（按 P2002 标定）
P0773	DAC 平滑时间
P0776	DAC 的类型
P0777	DAC 标定的 x1 值
P0778	DAC 标定的 y1 值
P0779	DAC 标定的 x2 值
P0780	DAC 标定的 y2 值
P0781	DAC 的死区宽度
P0800	BI：下载参数置 0 定义从 AOP 启动下载参数置 0 的命令源。前三位数字是命令源的参数号，最后一位数字是对该参数的位设定。 设定值： 722.0 = 数字输入 1（要求 P0701 设定为 99，BICO）。 722.1 = 数字输入 2（要求 P0702 设定为 99，BICO）。 722.2 = 数字输入 3（要求 P0703 设定为 99，BICO）。 说明： 数字输入的信号： 0 = 不下载。 1 = 由 AOP 启动下载参数置 0
P0801	BI：下载参数置 1
P0840	BI：正向运行的 ON/OFF1 命令 允许用 BICO 选择 ON/OFF1 命令源。前三位数字是命令源的参数号；最后一位数字是对该参数的位设定

续表

参数	说　明
P0840	设定值： 722.0＝数字输入 1（要求 P0701 设定为 99，BICO）。 722.1＝数字输入 2（要求 P0702 设定为 99，BICO）。 722.2＝数字输入 3（要求 P0703 设定为 99，BICO）。 722.3＝数字输入 4（经由模拟输入，要求 P0704 设定为 99）。 19.0＝经由 BOP/AOP 的 ON/OFF1 命令
P0842	BI：反向运行的 ON/OFF1 命令
P0844	BI：第一个 OFF2 停车命令设。 722.0＝数字输入 1（要求 P0701 设定为 99，BICO）。 722.1＝数字输入 2（要求 P0702 设定为 99，BICO）。 722.2＝数字输入 3（要求 P0703 设定为 99，BICO）。 722.3＝数字输入 4（经由模拟输入，要求 P0704 设定为 99）。 19.0＝经由 BOP/AOP 的 ON/OFF1 命令。 19.1＝OFF2：经由 BOP/AOP 的操作按惯性自由停车
P0845	BI：第二个 OFF2 停车命令
P0848	BI：第一个 OFF3 停车命令
P0849	BI：第二个 OFF3 停车命令
P0852	BI：脉冲使能。 722.0＝数字输入 1（要求 P0701 设定为 99，BICO）。 722.1＝数字输入 2（要求 P0702 设定为 99，BICO）。 722.2＝数字输入 3（要求 P0703 设定为 99，BICO）。 722.3＝数字输入 4（经由模拟输入，要求 P0704 设定为 99）
P0918	CB 地址 1 通过 PROFIBUS 模板上的 DIP 开关设定。 2 由用户输入地址
P0927	怎样才能更改参数
P0952	故障的总数
P0970	工厂复位 0 禁止复位。 1 参数复位
P0971	从 RAM 到 EEPROM 的数据传输 0 禁止传输。 1 启动传输

续表

参数	说　明
P1000	频率设定值的选择 1 电动电位计设定。 2 模拟输入。 3 固定频率设定。 4 通过 BOP 链路的 USS 设定。 5 通过 COM 链路的 USS 设定。 6 通过 COM 链路的通信板（CB）设定
P1001	固定频率 1
P1002	固定频率 2
P1003	固定频率 3
P1004	固定频率 4
P1005	固定频率 5
P1006	固定频率 6
P1007	固定频率 7
P1016	固定频率方式 – 位 0。 1 直接选择。 2 直接选择 + ON 命令。 3 二进制编码选择 + ON 命令
P1017	固定频率方式 – 位 1
P1018	固定频率方式 – 位 2
P1020	BI：固定频率选择 – 位 0。 P1020 = 722.0 = = > 数字输入 1。 P1021 = 722.1 = = > 数字输入 2。 P1022 = 722.2 = = > 数字输入 3
P1021	BI：固定频率选择 – 位 1
P1022	BI：固定频率选择 – 位 2
P1031	MOP 的设定值存储。 0 PID – MOP 设定值不存储。 1 存储 PID – MOP 设定值（刷新 P2240）
P1032	禁止 MOP 的反向。 0 允许反向。 1 禁止反向

续表

参数	说　明
P1035	BI：使能 MOP（UP－升速命令）。 722.0＝数字输入 1（要求 P0701 设定为 99，BICO）。 722.1＝数字输入 2（要求 P0702 设定为 99，BICO）。 722.2＝数字输入 3（要求 P0703 设定为 99，BICO）。 722.3＝数字输入 4（经由模拟输入，要求 P0704 设定为 99）。 19.D＝经由 BOP/AOP 增加 MOP 的频率设定值
P1036	BI：使能 MOP（DOWN－减速命令）。 722.0＝数字输入 1（要求 P0701 设定为 99，BICO）。 722.1＝数字输入 2（要求 P0702 设定为 99，BICO）。 722.2＝数字输入 3（要求 P0703 设定为 99，BICO）。 722.3＝数字输入 4（经由模拟输入，要求 P0704 设定为 99）。 19.E＝经由 BOP/AOP 降低 MOP 的频率设定值
P1040	MOP 的设定值
P1055	BI：使能正向点动。 722.0＝数字输入 1（要求 P0701 设定为 99，BICO）。 722.1＝数字输入 2（要求 P0702 设定为 99，BICO）。 722.2＝数字输入 3（要求 P0703 设定为 99，BICO）。 722.3＝数字输入 4（经由模拟输入，要求 P0704 设定为 99）。 19.8＝经由 BOP/AOP 正向点动
P1056	BI：使能反向点动
P1058	正向点动频率
P1059	反向点动频率
P1060	点动的斜坡上升时间
P1061	点动的斜坡下降时间
P1070	CI：主设定值。 755＝模拟输入 1 设定值。 1024＝固定频率设定值。 1050＝电动电位计（MOP）设定值
P1071	CI：主设定值标定
P1074	BI：禁止附加设定值。 722.0＝数字输入 1（要求 P0701 设定为 99，BICO）。 722.1＝数字输入 2（要求 P0702 设定为 99，BICO）。 722.2＝数字输入 3（要求 P0703 设定为 99，BICO）。 722.3＝数字输入 4（经由模拟输入，要求 P0704 设定为 99）

续表

参数	说　明
P1075	CI：附加设定值。 755 = 模拟输入 1 设定值。 1024 = 固定频率设定值。 1050 = 电动电位计（MOP）设定值
P1076	CI：附加设定值标定
P1080	最低频率
P1082	最高频率
P1091	跳转频率 1
P1092	跳转频率 2
P1093	跳转频率 3
P1094	跳转频率 4
P1101	跳转频率的频带宽度
P1110	BI：禁止负的频率设定值。 0 = 禁止。 1 = 允许
P1113	BI：反向。 本参数用于确定在 P0719 =0（选择远程命令源/设定值源）时采用的反向命令源。 设定值： 722.0 = 数字输入 1（要求 P0701 设定为 99，BICO）。 722.1 = 数字输入 2（要求 P0702 设定为 99，BICO）。 722.2 = 数字输入 3（要求 P0703 设定为 99，BICO）。 19.B = 经由 BOP/AOP 控制反向
P1120	斜坡上升时间
P1121	斜坡下降时间
P1124	BI：使能点动斜坡时间
P1130	斜坡上升曲线的起始段圆弧时间
P1131	斜坡上升曲线的结束段圆弧时间
P1132	斜坡下降曲线的起始段圆弧时间
P1133	斜坡下降曲线的结束段圆弧时间
P1134	平滑圆弧的类型。 0 连续平滑。 1 断续平滑

续表

参数	说明
P1135	OFF3 的斜坡下降时间
P1140	BI：RFG 使能
P1141	BI：RFG 开始
P1142	BI：RFG 使能设定值
P1200	捕捉再启动： 0 禁止捕捉再启动功能。 1 捕捉再启动功能总是有效，从频率设定值的方向开始搜索电动机的实际速度。 2 捕捉再启动功能在上电故障，OFF2 命令时激活，从频率设定值的方向开始搜索电动机的实际速度。 3 捕捉再启动功能在故障，OFF2 命令时激活，从频率设定值的方向开始搜索电动机的实际速度。 4 捕捉再启动功能总是有效，只在频率设定值的方向搜索电动机的实际速度。 5 捕捉再启动功能在上电，故障，OFF2 命令时激活，只在频率设定值的方向搜索电动机的实际速度。 6 捕捉再启动功能在故障，OFF2 命令时激活，只在频率设定值的方向搜索电动机的实际速度
P1202	电动机电流：捕捉再启动
P1203	搜索速率：捕捉再启动
P1210	自动再启动： 0 禁止自动再启动。 1 上电后跳闸复位：P1211 禁止。 2 在主电源跳闸/接通电源后再启动：P1211 禁止。 3 在故障/主电源跳闸后再启动：P1211 使能。 4 在主电源跳闸后再启动：P1211 使能。 5 在主电源跳闸/故障/接通电源后再启动：P1211 禁止。 关联：只有 ON 命令一直存在（例如由一个数字输入端保持 ON 命令）时才能进行自动再启动
P1211	再启动重试的次数
P1215	抱闸制动使能。 0 禁止电动机抱闸制动。 1 使能电动机抱闸制动
P1216	抱闸制动释放的延迟时间
P1217	斜坡曲线结束后的抱闸时间

续表

参数	说　明
P1230	BI：使能直流制动。 722.0=数字输入1（要求P0701设定为99，BICO）。 722.1=数字输入2（要求P0702设定为99，BICO）。 722.2=数字输入3（要求P0703设定为99，BICO）。 722.3=数字输入4（经由模拟输入，要求P0704设定为99）
P1232	直流制动电流
P1233	直流制动的持续时间
P1236	复合制动电流
P1240	直流电压（U_{dc}）控制器的配置。 0 禁止直流电压（U_{dc}）控制器。 1 最大直流电压（U_{dc-max}）控制器使能
P1243	最大直流电压 U_{dc-max} 控制器的动态因子
P1250	直流电压（U_{dc}）控制器的增益系数
P1251	直流电压（U_{dc}）控制器的积分时间
P1252	直流电压（U_{dc}）控制器的微分时间
P1253	直流电压（U_{dc}）控制器的输出限幅
P1254	U_{dc} 接通电平的自动检测。 0 禁止
P1300	变频器的控制方式： 0 线性特性的 U/f 控制。 1 带磁通电流控制（FCC）的 U/f 控制。 2 带抛物线特性（平方特性）的 U/f 控制。 3 特性曲线可编程的 U/f 控制
P1310	连续提升
P1311	加速度提升
P1312	[3]　启动提升
P1316	提升的编程点（end 点）频率
P1320	[3]　可编程的 U/f 特性曲线频率坐标 1
P1321	可编程的 U/f 特性曲线电压坐标 1
P1322	可编程的 U/f 特性曲线频率坐标 2
P1323	可编程的 U/f 特性曲线电压坐标 2

续表

参数	说　明
P1324	可编程的 U/f 特性曲线频率坐标 3
P1325	可编程的 U/f 特性曲线电压坐标 3
P1333	FCC 的起始频率
P1335	滑差补偿
P1336	滑差限值
P1338	U/f 特性的谐振阻尼增益系数
P1340	I_{max}（最大电流）控制器的频率控制比例增益系数
P1341	I_{max} 控制器的频率控制积分时间
P1350	电压软启动。 0 OFF。 1 ON
P1800	脉冲频率
P1802	调制方式 0 SVM/ASVM（空间矢量调制/不对称空间矢量调制）自动方式。 1 不对称 SVM。 2 空间矢量调制
P1803	最大调制
P1820	输出相序反向。 0 OFF——相序正向。 1 ON——相序反向
P1910	选择电动机数据是否自动检测（识别）。 0 禁止自动检测功能。 1 自动检测 R_s（定子电阻），并改写参数数值。 2 自动检测 R_s，但不改写参数数值
P2000	基准频率
P2001	基准电压
P2002	基准电流
P2009	［2］　USS 规格化。 0 禁止。 1 使能规格化

续表

参数	说　明
P2010	[2]　USS 波特率。 3 1200 波特。 4 2400 波特。 5 4800 波特。 6 9600 波特。 7 19200 波特。 8 38400 波特。 9 57600 波特
P2011	[2]　USS 地址
P2012	[2]　USS 协议的 PZD（过程数据）长度
P2013	[2]　USS 协议的 PKW 长度。 0 字数为 0。 3 3 个字。 4 4 个字。 127 PKW 长度是可变的
P2014	[2]　USS 报文的停止传输时间
P2016	[4]　CI：将 PZD 发送到 BOP 链路（USS）
P2019	[4]　CI：将 PZD 数据发送到 COM 链路（USS）
P2040	CB（通信板）报文停止时间
P2041	[5]　CB 参数
P2051	[4]　CI：将 PZD 发送到 CB
P2100	[3]　选择故障报警信号的编号
P2101	[3]　停车措施的数值。 0 不采取措施，没有显示。 1 采用 OFF1 停车。 2 采用 OFF2 停车。 3 采用 OFF3 停车。 4 不采取措施，只发报警信号
P2103	BI：第一个故障应答。 722.0 = 数字输入 1（要求设定 P0701 为 99，BICO）。 722.1 = 数字输入 2（要求设定 P0702 为 99，BICO）。 722.2 = 数字输入 3（要求设定 P0703 为 99，BICO）。 722.3 = 数字输入 4（经由模拟输入，要求 P0704 设定为 99）

续表

参数	说　明
P2104	BI：第二个故障应答
P2106	BI：外部故障
P2111	报警信号的总数
P2115	［3］AOP 实时时钟
P2120	故障计数器
P2150	回线频率 *f*_hys
P2155	门限频率 *f*_1
P2156	门限频率 *f*_1 的延迟时间
P2164	监测速度偏差的回线频率
P2167	关断频率 *f*_off
P2168	关断延迟时间 *T*_off
P2170	门限电流 *I*_thresh
P2171	电流的延迟时间
P2172	直流回路的门限电压
P2173	直流回路门限电压的延迟时间
P2179	判定负载消失的电流门限值
P2180	判定无负载的延迟时间
P2200	BI：允许 PID 控制器投入
P2201	PID 控制器的固定频率设定值 1
P2202	PID 控制器的固定频率设定值 2
P2203	PID 控制器的固定频率设定值 3
P2204	PID 控制器的固定频率设定值 4
P2205	PID 控制器的固定频率设定值 5
P2206	PID 控制器的固定频率设定值 6
P2207	PID 控制器的固定频率设定值 7
P2216	PID 固定频率设定值方式—位 0
P2217	PID 固定频率设定值方式—位 1
P2218	PID 固定频率设定值方式—位 2
P2220	BI：PID 固定频率设定值选择位 0。 722. 0 = 数字输入 1（要求 P0701 设定 为 99，BICO）。 722. 1 = 数字输入 2（要求 P0702 设定 为 99，BICO）。 722. 2 = 数字输入 3（要求 P0703 设定 为 99，BICO）。 722. 3 = 数字输入 4

续表

参数	说　　明
P2221	BI：PID 固定频率设定值选择位 1
P2222	BI：PID 固定频率设定值选择位 2
P2231	PID—MOP 的设定值存储
P2232	禁止 PID—MOP 设定值反向
P2235	BI：使能 PID—MOP 升速（UP 命令）
P2236	BI：使能 PID—MOP 降速（DOWN 命令）
P2240	PID - MOP 的设定值
P2253	CI：PID 设定值信号源。 755 = 模拟输入 1。 2224 = 固定的 PID 设定值（参看 P2201 ~ P2207）。 2250 = 已激活的 PID 设定值（参看 P2240）
P2254	CI：PID 微调信号源
P2255	PID 设定值的增益系数
P2256	PID 微调信号的增益系数
P2257	PID 设定值的斜坡上升时间
P2258	PID 设定值的斜坡下降时间
P2261	PID 设定值的滤波时间常数
P2264	CI：PID 反馈信号
P2265	PID 反馈滤波时间常数
P2267	PID 反馈信号的上限值
P2268	PID 反馈信号的下限值
P2269	PID 反馈信号的增益
P2270	PID 反馈功能选择器。 0 禁止。 1 二次方根，开二次方根（x）。 2 二次方（$x*x$）。 3 三次方（$x*x*x$）
P2271	PID 传感器的反馈型式。 0：［缺省值］如果反馈信号低于 PID 设定值，PID 控制器将增加电动机的速度，以校正它们的偏差。 1：如果反馈信号低于 PID 设定值，PID 控制器将降低电动机的速度，以校正它们的偏差

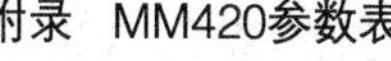

续表

参数	说　明
P2280	PID 比例增益系数
P2285	PID 积分时间
P2291	PID 输出上限
P2292	PID 输出下限
P2293	PID 限幅值的斜坡上升/下降时间
P3900	结束快速调试。 0 不用快速调试。 1 结束快速调试，并按工厂设置使参数复位。 2 结束快速调试。 3 结束快速调试，只进行电动机数据的计算
P3950	隐含参数的存取
P3980	调试命令的选择 0 命令 = BICO 参数 设定值 = BICO 参数。 1 命令 = BICO 参数 设定值 = MOP 设定值。 2 命令 = BICO 参数 设定值 = 模拟设定值。 3 命令 = BICO 参数 设定值 = 固定频率。 4 命令 = BICO 参数 设定值 = BOP 链路的 USS。 5 命令 = BICO 参数 设定值 = COM 链路的 USS。 6 命令 = BICO 参数 设定值 = COM 链路的 CB。 10 命令 = BOP 设定值 = BICO 参数。 11 命令 = BOP 设定值 = MOP 设定值。 12 命令 = BOP 设定值 = 模拟设定值。 13 命令 = BOP 设定值 = 固定频率。 14 命令 = BOP 设定值 = BOP 链路的 USS。 15 命令 = BOP 设定值 = COM 链路的 USS。 16 命令 = BOP 设定值 = COM 链路的 CB。 40 命令 = BOP 链路的 USS 设定值 = BICO 参数。 41 命令 = BOP 链路的 USS 设定值 = MOP 设定值。 42 命令 = BOP 链路的 USS 设定值 = 模拟设定值。 43 命令 = BOP 链路的 USS 设定值 = 固定频率。 44 命令 = BOP 链路的 USS 设定值 = BOP 链路的 USS。 45 命令 = BOP 链路的 USS 设定值 = COM 链路的 USS。 46 命令 = BOP 链路的 USS 设定值 = COM 链路的 CB。 50 命令 = COM 链路的 USS 设定值 = BICO 参数。 51 命令 = COM 链路的 USS 设定值 = MOP 设定值

续表

参数	说　明
P3980	52 命令 = COM 链路的 USS 设定值 = 模拟设定值。 53 命令 = COM 链路的 USS 设定值 = 固定频率。 54 命令 = COM 链路的 USS 设定值 = BOP 链路的 USS。 55 命令 = COM 链路的 USS 设定值 = COM 链路的 USS。 56 命令 = COM 链路的 USS 设定值 = COM 链路的 CB。 60 命令 = COM 链路的 CB 设定值 = BICO 参数。 61 命令 = COM 链路的 CB 设定值 = MOP 设定值。 62 命令 = COM 链路的 CB 设定值 = 模拟设定值。 63 命令 = COM 链路的 CB 设定值 = 固定频率。 64 命令 = COM 链路的 CB 设定值 = BOP 链路的 USS。 65 命令 = COM 链路的 CB 设定值 = COM 链路的 USS。 66 命令 = COM 链路的 CB 设定值 = COM 链路的 CB
P3981	故障复位。 0 故障不复位。 1 故障复位

参　考　文　献

[1] 宋峰青．变频技术．北京：中国劳动社会保障出版社，2004.

[2] 刘建华．变频调速技术．北京：中国劳动社会保障出版社，2006.

[3] 李华德．交流调速控制系统．北京：电子工业出版社，2003.

[4] 王建，徐洪亮，张宏．变频器操作实训．北京：机械工业出版社，2007.

[5] 唐修波．变频技术及应用．北京：中国劳动社会保障出版社，2006.

[6] 岳庆来．变频器、可编程控制器及触摸屏综合应用技术．北京：机械工业出版社，2007.

[7] 吴启红．变频器、可编程控制器及触摸屏综合应用技术实操指导书．北京：机械工业出版社，2007.

[8] 王建，徐洪亮．三菱变频器入门与典型应用．北京：中国电力出版社，2009.